# Ciencias de la naturaleza 2 ESO

El libro **Ciencias de la naturaleza** para 2.º de ESO es una obra colectiva concebida, diseñada y creada en el departamento de Ediciones Educativas de Santillana Educación, S. L., dirigido por **Enrique Juan Redal**.

En su elaboración y edición ha participado el siguiente equipo:

**Miguel Ángel Madrid Rangel**
**Ignacio Meléndez Hevia**
**Margarita Montes Aguilera**
**Marcos Blanco Kroeger**
**Eduardo Vidal-Abarca**

REVISIÓN CIENTÍFICA
**Francisco Anguita Virella**
**Julio Pérez Márquez**
**Ignacio Meléndez Hevia**
**Miguel Ángel Madrid Rangel**

EDICIÓN
**Juan Ignacio Medina Crespo**
**Susana Lobo Fernández**
**Pilar de Luis Villota**

DIRECCIÓN DEL PROYECTO
**Antonio Brandi Fernández**

*La actividades de este libro deben ser realizadas por el alumno en un cuaderno. En ningún caso deben realizarse en el mismo libro.*

Proyecto **Los Caminos del Saber**

**Santillana**

# Pon en práctica tus capacidades

## La posibilidad de vida extraterrestre

### La bacteria del centro de la Tierra

*Una de las preguntas más frecuentes que se hacen los científicos cuando se plantean la posibilidad de encontrar vida en otros planetas es si algún organismo es capaz de vivir de forma independiente, sin necesidad de recibir la luz del Sol o de alimentarse de otros seres vivos. La duda ha quedado siempre sin respuesta. El descubrimiento en una mina de oro, a casi tres kilómetros de profundidad, de una nueva bacteria ha conseguido abrir una nueva puerta en la investigación astrobiológica.*

*[...] El hallazgo supone la primera prueba de un ecosistema formado por una única especie biológica. La bacteria* Desulforudis audaxviator, *encontrada en una nueva galería de la mina de oro de Mponeng, cercana a Johanesburgo (Sudáfrica), en condiciones de total oscuridad y a más de 60 grados centígrados de temperatura, vive de forma totalmente aislada de otras formas de vida.*

*Consigue sobrevivir en un hábitat semejante gracias a la energía que extrae, no del Sol, sino del hidrógeno y del sulfato producidos por la descomposición radiactiva del uranio presente en la mina. Además, como vive aislada de otras formas de vida, obtiene sus moléculas orgánicas de la humedad presente en la tierra, del carbono inorgánico de las rocas y del nitrógeno que proviene del amonio que rodea los minerales.*

*El Mundo*, 10 de octubre de 2008

**DEBES RECORDAR**

Las funciones vitales de los seres vivos (Unidad 1).
La célula procariota y la célula eucariota (Unidad 1).
La nutrición celular (Unidad 1).
La fotosíntesis y la respiración celular (Unidad 1).

**1.** Deduce, por el contexto, qué estudia la astrobiología.

a) El descubrimiento de otros planetas.
b) La existencia de vida en otros astros.
c) La biología de los astros y planetas.
d) Las funciones vitales que tienen lugar en el Universo.

**2.** Según la noticia, ¿dónde radica la importancia del descubrimiento de la bacteria?

a) Puede ofrecer la clave de la vida en otros planetas del Sistema Solar.
b) Es la primera bacteria capaz de nutrirse sin la presencia de luz solar.
c) Es una bacteria capaz de sobrevivir gracias a la descomposición radiactiva del uranio.
d) Forma ecosistemas a cientos de metros de profundidad de la Tierra, allí donde se creía que la vida era imposible.

**3.** ¿Qué función lleva a cabo la bacteria de la noticia, la nutrición o la alimentación?

Justifica la respuesta.

**4.** Según el tipo de nutrición de la bacteria descubierta, ¿en qué grupo la englobarías, en el de autótrofos o en el de heterótrofos?

Explica por qué.

**5.** El nombre que ha recibido la bacteria (*Desulforudis audaxviator*) es un homenaje al libro de Julio Verne *Viaje al centro de la Tierra*. En un momento de su viaje al centro del planeta, el protagonista, el profesor Lidenbrock, descifra un mensaje que dice en latín: «desciende, *audax viator* (viajero audaz), y alcanza el centro de la Tierra».

¿Por qué el nombre de esta bacteria está formado por dos palabras?

6. ●● Observa la siguiente fotografía, tomada con un microscopio electrónico, y explica si puede tratarse de una fotografía de la bacteria de la notica. Justifica tu respuesta.

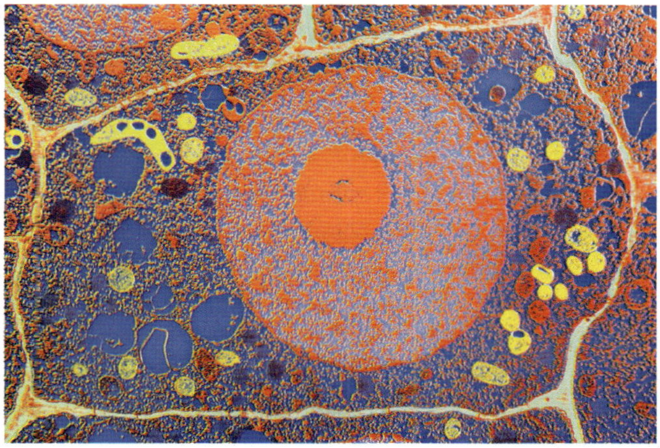

7. ●● Imagina que formas parte del grupo de científicos que ha descubierto la bacteria y tienes que demostrar que dicha bacteria desarrolla las funciones vitales.

Señala ejemplos que demuestren que esas bacterias pueden llevar a cabo dichas funciones vitales.

8. ●● La bacteria *Desulforudis audaxviator* tiene forma cilíndrica bastante alargada. Sabiendo esto, dibuja en tu cuaderno un esquema de la célula, indicando los posibles orgánulos o estructuras celulares que en ella podríamos encontrar.

9. ●●● En el año 1984 se encontró en la Antártida un meteorito de origen marciano, llamado ALH 84001. Su descubrimiento produjo un gran revuelo en la comunidad científica, pues contenía unas estructuras que se podían interpretar como fósiles de bacterias.

Busca información sobre este meteorito y explica, razonadamente, si piensas que se ha demostrado claramente la existencia de bacterias en Marte en algún momento de su historia.

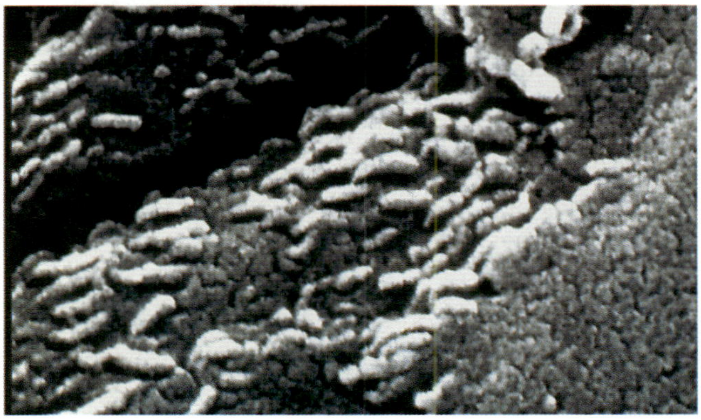

10. ●●● En un artículo publicado en 2010 en la página web del Centro de Astrobiología (http://cab.inta.es) apareció la siguiente noticia:

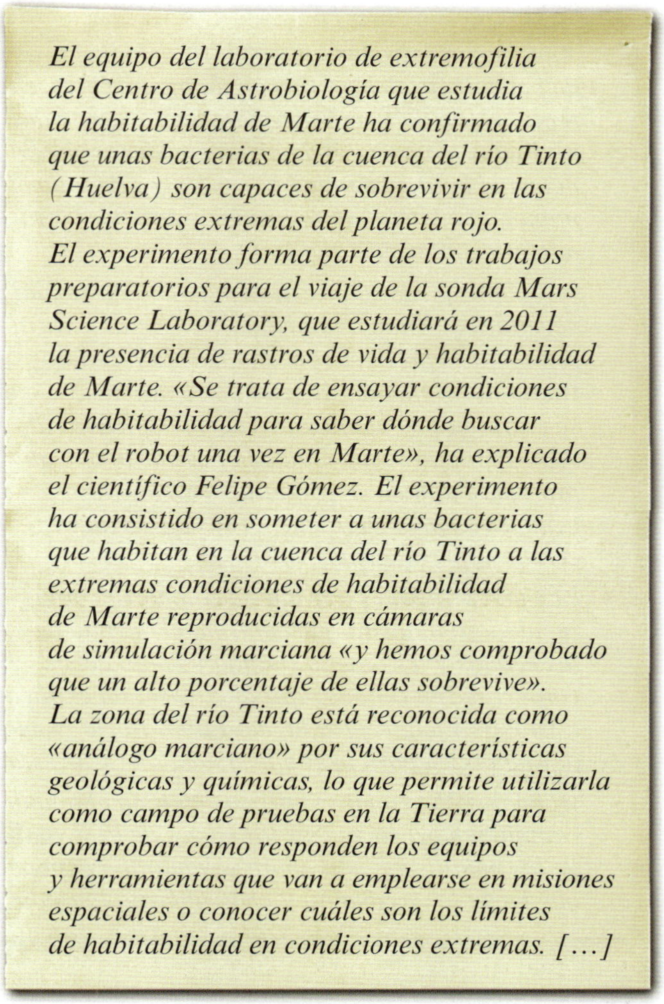

*El equipo del laboratorio de extremofilia del Centro de Astrobiología que estudia la habitabilidad de Marte ha confirmado que unas bacterias de la cuenca del río Tinto (Huelva) son capaces de sobrevivir en las condiciones extremas del planeta rojo. El experimento forma parte de los trabajos preparatorios para el viaje de la sonda Mars Science Laboratory, que estudiará en 2011 la presencia de rastros de vida y habitabilidad de Marte. «Se trata de ensayar condiciones de habitabilidad para saber dónde buscar con el robot una vez en Marte», ha explicado el científico Felipe Gómez. El experimento ha consistido en someter a unas bacterias que habitan en la cuenca del río Tinto a las extremas condiciones de habitabilidad de Marte reproducidas en cámaras de simulación marciana «y hemos comprobado que un alto porcentaje de ellas sobrevive». La zona del río Tinto está reconocida como «análogo marciano» por sus características geológicas y químicas, lo que permite utilizarla como campo de pruebas en la Tierra para comprobar cómo responden los equipos y herramientas que van a emplearse en misiones espaciales o conocer cuáles son los límites de habitabilidad en condiciones extremas. [...]*

a) Deduce, a partir del contexto, el significado de *extremofilia*.

b) ¿Cuál es el objetivo de la sonda Mars Science Laboratory?

c) ¿Crees razonable que los científicos gasten esfuerzo y dinero en investigar si existe vida en Marte? Argumenta tu respuesta.

d) Busca información en Internet sobre en qué se asemejan las condiciones del río Tinto a las condiciones extremas que existen en el planeta rojo.

11. ●● ¿Crees que pueden existir seres vivos en algún otro lugar del Universo? ¿Por qué? Redacta una lista de argumentos a favor y en contra y luego expón tu opinión.

# Pon en práctica tus capacidades

## Reproducción asexual frente a sexual

### En busca de la clonación natural

*Aunque pueda sonar a nombre de videojuego o de película de ciencia ficción, la apomixis es, en realidad, un método misterioso y fascinante de reproducción asexual de algunas plantas que ha ocupado la atención de biotecnólogos de todo el mundo que buscan desentrañar y entender esta auténtica clonación natural.*

*[…] Tras pasar años estudiando la vida sexual de vegetales que han renunciado completamente al sexo para reproducirse y analizar la* Arabidopsis thaliana *–el modelo vegetal por excelencia–, que se reproduce sexualmente, el grupo encabezado por Jean Philippe Vielle Calzada descubrió que una proteína llamada Argonauta 9 reprime las células sexuales para que no se conviertan en células reproductivas.*

*«Es una proteína […] que se comporta como reguladora maestra que controla el destino de las células y les ordena cuándo y cómo deben convertirse en células reproductivas», ha explicado a* El País *Vielle Calzada, del Laboratorio Nacional de Genómica para la Biodiversidad del Cinvestav.*

*Al menos 25 grupos científicos en todo el mundo compiten para encontrar las claves de la sexualidad de las plantas y hasta ahora se ignoraba el papel que juega la Argonauta 9 en el aparato reproductor, pero con el trabajo de los mexicanos y sus colaboradores de Estados Unidos y Francia se sabe la ruta regulatoria inicial que le confiere un papel represor de ese destino celular que está presente en todas las plantas que se reproducen sexualmente.*

*[…] En la mayor parte de las plantas comestibles como el maíz, trigo, sorgo, entre muchas otras, la reproducción sexual favorita es la doble fecundación: primero el óvulo es fecundado por un grano de polen, con lo cual se forma el embrión; posteriormente, una segunda célula espermática se une a la voluminosa célula central para dar lugar a la formación del endospermo, un tejido de abundante contenido proteico indispensable para la sobrevivencia del embrión. Después de esto, el óvulo se transforma progresivamente en una semilla.*

*Así, las semillas heredan la mitad de su material genético de la madre y la otra mitad del padre, por lo que las características genéticas cambian de una generación a otra. En cambio, con la apomixis las plantas son capaces de reproducirse formando embriones sin necesidad de fecundación. Las células apomícticas contienen todos los genes necesarios para formar nuevas semillas genéticamente idénticas a la planta madre.*

*El País*, 12 de marzo de 2010

### DEBES RECORDAR

La función de reproducción y el ciclo vital (Unidad 4).
La reproducción asexual en las plantas (Unidad 4).
La reproducción sexual en las plantas con semillas (Unidad 4).
La reproducción sexual en los animales (Unidad 4).

**1.** ● Resume en pocas líneas cuál es el contenido principal de la noticia.

**2.** ● Tras la lectura del texto, contesta a las siguientes preguntas:

a) ¿Cómo se reproduce la planta *Arabidopsis thaliana?*
b) ¿Qué función realiza la proteína Argonauta 9?
c) ¿En qué consiste la doble fecundación?
d) Explica cómo se forma la semilla e indica qué función desempeña.

**3.** ●● *Arabidopsis thaliana* es una pequeña planta herbácea que suele aparecer al borde de los caminos, con un tiempo de reproducción corto y que se cultiva fácilmente, de manera que conseguir muchos ejemplares y diversas generaciones de la misma es un proceso corto y sencillo.

a) Explica por qué crees que se eligió esta especie vegetal como primera planta para secuenciar.
b) Averigua qué animales se usan habitualmente en investigación.

4. La fotografía muestra una flor de *Arabidopsis thaliana*.

A partir de esta fotografía, y de otras que localices en otras fuentes, realiza un dibujo de esta flor en el que rotules todas sus estructuras.

5. Copia y completa el siguiente cuadro sobre las ventajas e inconvenientes de la reproducción asexual y la sexual:

| | Ventajas | Inconvenientes |
|---|---|---|
| Reproducción asexual | | |
| Reproducción sexual | | |

6. Imagina que un agricultor se dedica a cultivar *Arabidopsis thaliana*. ¿Qué modalidad de reproducción deberá emplear para crear una variedad propia de dicha planta? Una vez que la haya creado, ¿qué modalidad de reproducción debería emplear para propagarla?

Razona tus respuestas.

7. En la reproducción artificial por esquejes y por acodo, las raíces de la nueva planta provienen del mismo individuo que origina las ramas y las hojas. Sin embargo, mediante la técnica de injerto, las raíces las aporta un individuo (individuo portainjerto) y las ramas y hojas otro individuo (individuo injerto). ¿Qué ventajas crees que tiene esta circunstancia a la hora de seleccionar variedades agrícolas productivas?

Busca ejemplos reales en los que se emplee esta técnica y explica por qué se hace en cada caso.

8. ¿Es lo mismo semilla que cigoto?

Explica qué tienen en común y en qué se diferencian.

9. Explica qué diferencias existen entre una espora y una semilla.

10. El óvulo y el espermatozoide son los gametos femenino y masculino respectivamente en los animales. Ambos poseen una estructura diferente. Los óvulos son inmóviles y de mayor tamaño que los espermatozoides.

a) Justifica las diferencias entre ambos gametos teniendo en cuenta la función que cada uno desarrolla.

b) Busca fotografías de óvulos y espermatozoides humanos y averigua sus medidas. Basándote en la información que recojas, realiza un modelo a escala de estos gametos utilizando los materiales que elijas.

11. Busca el significado de la palabra *clon* y contesta las preguntas. Justifica todas tus respuestas.

a) ¿Cómo se define clon?

b) ¿Una planta obtenida por medio de un esqueje es un clon?

c) ¿Se puede decir que dos hermanos gemelos idénticos son clones?

12. La clonación de la oveja *Dolly* en 1996 abrió las puertas a esta técnica, que se ha empleado en vacas, perros, gatos y caballos con éxito. Sin embargo, sus aplicaciones están siendo bastante escasas, debido a razones éticas y al desconocimiento de algunos efectos que podrían aparecer a largo plazo.

a) Busca información en Internet sobre la clonación de la oveja *Dolly* y resume brevemente en tu cuaderno el procedimiento seguido en dicha clonación.

b) Redacta un breve texto donde expliques tu postura ante la clonación artificial de animales y plantas.

13. Plantead un debate en clase sobre las ventajas e inconvenientes que puede tener la investigación científica sobre la reproducción de especies vegetales.

# Pon en práctica tus capacidades

## La importancia de las relaciones en los ecosistemas

### Las hormigas asustan a los elefantes

*Las acacias de Kenia tienen un gran aliado para defenderse de los elefantes, que las derribarían y devorarían sin piedad si no fuera por unas hormigas mil millones de veces más pequeñas que ellos.*

*«Es una historia de David contra Goliat», señaló el biólogo Todd Palmer, autor principal de un estudio sobre el tema, que se ha publicado en la revista* Current Biology.

*Las columnas de hormigas enfurecidas disuaden a los paquidermos introduciéndose en su sensible trompa si se atreven a acercarse a las acacias, que a cambio de protección ofrecen a sus guardianes refugio y alimento en forma de dulce néctar.*

*Con ello, estos insectos tienen un importante impacto sobre el ecosistema de la sabana en la que viven, al proteger a unos árboles que son necesarios para absorber el dióxido de carbono y reducir así la acumulación de gases de efecto invernadero, señala el estudio.*

*Hasta ahora se creía que en la vegetación de la sabana influían la lluvia, los nutrientes del suelo, los herbívoros y el fuego, pero Palmer sugiere que a la lista se añada la defensa de las plantas ejercida por los insectos.*

*[…] La trompa del elefante es muy sensible a las picaduras de las hormigas y es el auténtico 'talón de Aquiles' del gigantesco animal. Según Palmer, al parecer es el olor el que alerta a los elefantes de la presencia de las hormigas, por lo que estos olores podrían ser aplicados a los cultivos humanos para evitar que sean arrasados por los paquidermos.*

*La destrucción de los cultivos es una de las principales causas de que los elefantes sean abatidos por el hombre en el este de África.*

*El Mundo*, 5 de septiembre de 2010

### DEBES RECORDAR

Las relaciones bióticas (Unidad 5).
La alimentación de los seres vivos en los ecosistemas (Unidad 5).
Las pirámides tróficas (Unidad 5).
Los ecosistemas terrestres (Unidad 6).

**1.** ● **Según la noticia, ¿cuál puede ser el beneficio de este estudio?**

a) Evitar la destrucción de las acacias, al impedir que sean devoradas por los paquidermos.

b) Proteger los cultivos agrícolas del ataque de paquidermos.

c) Fabricar una sustancia que impida el desarrollo de las hormigas.

d) Impedir las plagas de insectos, que afectan negativamente a los cultivos agrícolas.

**2.** ●● **¿Qué significa la expresión *talón de Aquiles*? ¿De dónde procede esta expresión?**

**3.** ● **Según lo que se describe en la noticia, ¿qué tipo de relación se produce entre las hormigas y las acacias?**

a) Simbiosis.
b) Depredación.
c) Mutualismo.
d) Inquilinismo.

**4.** ● **¿Qué relación se establece entre las acacias y los elefantes?**

a) Simbiosis
b) Depredación
c) Parasitismo
d) Mutualismo

**5.** ●● **Señala las diferencias que encuentres entre parasitismo y depredación e indica cuál es más ventajosa para la especie que resulta beneficiada.** Razona tu respuesta.

6. ●●● En la sabana predomina la vegetación herbácea, con plantas leñosas dispersas, como las acacias o los baobabs. Entre la fauna abundan el león, el antílope, el impala, el ñu, la cebra, el facóquero, la hiena, el licaón, el rinoceronte, el elefante, el avestruz, los escarabajos, las gacelas, la jirafa, el leopardo y los buitres.

a) Clasifica los organismos de la sabana en sus diferentes niveles tróficos (productores, consumidores primarios, secundarios o terciarios).

b) Construye dos cadenas tróficas con algunos de los seres vivos que habitan en la sabana.

c) Diseña una red trófica de la sabana.

d) ¿De dónde procede la materia inorgánica que utilizan los seres vivos que has representado en la red trófica? ¿Y la materia orgánica?

e) Indica qué consecuencias tendría la desaparición de los productores en la red trófica que has dibujado, así como las consecuencias que tendría la desaparición de los carnívoros finales.

7. ●●● En una determinada zona de la sabana existen 9850 plantas herbáceas y 150 acacias, que son utilizadas como alimento por las 50 cebras y las 50 jirafas que habitan ese lugar. En la misma zona podemos encontrar 4 leones, 2 guepardos y 3 hienas.

Representa los datos anteriores en forma de pirámide de números.

8. ●● El rinoceronte blanco es un mamífero de gran tamaño que habita en la sabana africana y se encuentra en peligro de extinción. Aunque la extinción de especies es un proceso natural, el ritmo de extinción de especies actualmente es muy superior al de épocas pasadas.

a) ¿Crees que los seres humanos somos responsables de este proceso? Explica por qué.

b) ¿Afectaría la extinción del rinoceronte a la biodiversidad de la sabana? ¿Por qué?

c) ¿Qué tipos de medidas adoptarías para evitar la extinción del rinoceronte blanco?

9. ●●● La sabana presenta temperaturas altas y con variaciones poco importantes a lo largo del año. En ella podemos distinguir una larga estación seca, donde son muy numerosos los incendios, y otra húmeda, de corta duración. Las condiciones climáticas de este bioma, así como otros factores abióticos, condicionan una serie de adaptaciones de los organismos que en él habitan.

Busca información sobre adaptaciones de diferentes especies a dicho ecosistema.

10. ●●● La gráfica adjunta muestra un climograma de una región de sabana. Observa la gráfica y responde las preguntas.

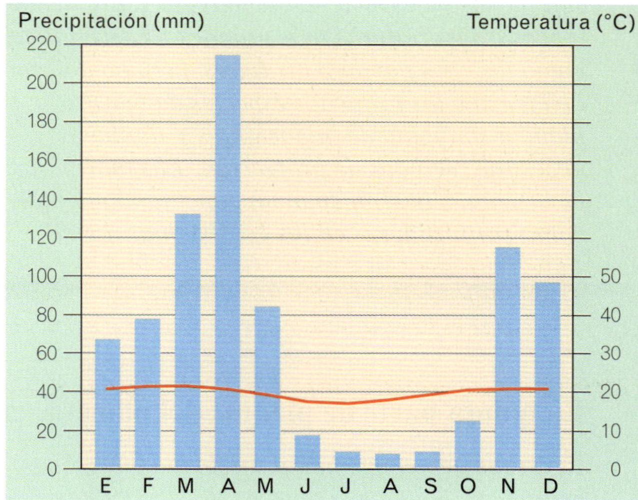


a) ¿Durante qué período se produce la estación seca en la sabana? ¿Y la estación húmeda?

b) ¿En qué mes se registran las máximas temperaturas? ¿Y las mínimas?

c) ¿Cuál es la temperatura media anual de esta región, aproximadamente?

d) Calcula, aproximadamente, el total anual de precipitación.

11. ●●● Actualmente los medios de comunicación, tanto la prensa escrita como la televisión y la radio, dedican bastante espacio para tratar asuntos sobre el medio ambiente. Igualmente los gobiernos de un gran número de países dedican atención y numerosos recursos a este tema, que es uno de los principales asuntos en sus campañas electorales. Algunas personas consideran que no se debería dar tanta importancia al medio ambiente y que se debería prestar mayor atención a otros asuntos sociales, como la erradicación de la pobreza y el hambre en el mundo.

Escribe una redacción en la que expongas tu opinión sobre este tema.

# Pon en práctica tus capacidades

## El valor y la conservación de la biodiversidad

### Mariposas, escarabajos y libélulas europeos en peligro

*La pérdida de hábitats y el cambio climático repercuten de forma grave en las mariposas, los escarabajos y las libélulas de Europa. La publicación de la última Lista Roja europea, encargada por la Comisión Europea, indica que el 9% de las mariposas, el 11% de los escarabajos que viven de la madera en descomposición y el 14% de las libélulas corren peligro de extinción.*

*«Al hablar de especies en peligro, la gente tiende a pensar en criaturas más grandes y carismáticas, como los osos panda o los tigres, pero no debemos olvidar que las pequeñas especies de nuestro planeta son igual de importantes y también necesitan medidas de protección. Las mariposas, por ejemplo, desempeñan un papel fundamental como polinizadoras en los ecosistemas donde viven», ha declarado Jane Smart, directora del Grupo de Conservación de la Biodiversidad de la Unión Internacional para la Conservación de la Naturaleza (UICN).*

*[...] Los escarabajos saproxílicos, que viven de la madera en descomposición, desempeñan un papel esencial en el reciclado de los nutrientes. Los principales peligros a largo plazo para estos escarabajos son las pérdidas de hábitats debido a la tala y a la reducción del número de árboles adultos.*

*[...] Los veranos cada vez más cálidos y secos combinados con una mayor extracción de agua para beber y regar hacen secarse los humedales donde viven las libélulas.*

*ABC*, 17 de marzo de 2010

### La quinta parte de plantas del planeta, en peligro de extinción

*El estudio, en el que han participado científicos británicos, indica que muchas de las 380 000 especies diferentes conocidas corren tanto peligro de desaparición como los mamíferos y están más amenazadas que las aves.*

*La destrucción del bosque tropical del Atlántico en Suramérica, la tala y quema de extensiones forestales en Madagascar, las plantaciones de palma para la producción de aceite en Indonesia y la agricultura intensiva en Europa y Estados Unidos son las grandes amenazas que se ciernen sobre los hábitats vegetales naturales.*

*El Mundo*, 29 de septiembre de 2010

**DEBES RECORDAR**

Las relaciones bióticas (Unidad 5).
La valoración de la biodiversidad (Unidad 6).
El papel de los productores y los descomponedores (Unidad 5).

**1.** Define los siguientes conceptos que aparecen en la lectura:

a) Hábitat.
b) Cambio climático.
c) Ecosistema.
d) Saproxílico.

**2.** Contesta las preguntas, relacionadas con las lecturas.

a) ¿Cuáles son las principales amenazas para las mariposas, las libélulas y los escarabajos?
b) ¿Qué actividades humanas son las principales causantes de la desaparición de un gran número de especies de plantas?

3. ●● En el primer texto se señala que la desaparición de especies de pequeño tamaño, como las mariposas o los escarabajos, es igual de preocupante que la de las grandes, como el oso pardo, y, por lo tanto, también necesitan medidas de protección.

¿Estás de acuerdo con ello? Justifica la respuesta.

4. ●●● En la tabla adjunta, elaborada por el Ministerio de Medio Ambiente, se muestra el número de especies en peligro de extinción en España.

| Grupos taxonómicos | N.° de especies en peligro de extinción |
|---|---|
| Plantas | 112 |
| Invertebrados | 16 |
| Peces | 4 |
| Anfibios | 1 |
| Reptiles | 5 |
| Aves | 21 |
| Mamíferos | 7 |
| Total | 166 |

a) Realiza un gráfico de barras y un gráfico de sectores que recojan la información que ofrece la tabla.

b) Discute qué ventajas e inconvenientes presenta cada gráfico y cuál de los dos te parece más apropiado para representar esta información.

5. ●● Observa estas dos fotografías y responde las preguntas.

a) ¿Cuál de los dos ecosistemas presenta mayor diversidad?

b) ¿Qué ecosistema tiene una red trófica más compleja?

c) Si en ambos ecosistemas desapareciese una especie, ¿en cuál de ellos causaría mayor daño su ausencia? ¿Por qué?

d) Si se produjera una alteración en el ecosistema, como un incendio, ¿cuál lo resistiría mejor? ¿Por qué?

6. ●●● La actual preocupación por la pérdida de biodiversidad no solo es debida al hecho de que desaparezcan determinadas especies, sino porque se teme que estamos asistiendo a la sexta gran extinción masiva de la historia de la Tierra.

Busca información sobre las cinco grandes extinciones anteriores y sus causas y recógelas en un cuadro.

7. ●● España es el país europeo con una mayor riqueza de especies. Se calcula que en la Península Ibérica y las Islas Baleares conviven más de 91 000 especies (excluyendo las bacterias), lo que supone el 60 % de la flora y fauna de Europa. ¿Por qué crees que España es el país de mayor diversidad de Europa?

a) Por su situación geográfica, que hace que en la Península Ibérica existan diferentes climas.

b) Por su relieve montañoso, pues la abundancia de montañas aumenta el número de ecosistemas y de hábitats.

c) Porque la industrialización y el desarrollo económico en España han sido más lentos que en otros países de Europa, lo que ha permitido mantener grandes extensiones de terreno sin deteriorar.

d) Por su cercanía al continente africano, lo que hace que España sea el lugar de paso para numerosas especies, sobre todo aves.

e) Todas las respuestas son correctas.

8. ●● Los gobiernos deben adoptar medidas para conservar la biodiversidad.

¿Puedes contribuir tú a ello? ¿De qué manera?

9. ●●● ¿Crees que los zoológicos ayudan a conservar la biodiversidad y las especies en peligro? ¿Te parece justo mantener a los animales en zoológicos, fuera de su entorno natural?

Busca información y opiniones sobre el tema y redacta un informe que las recoja, junto con tu opinión personal.

10. ●●● La ONU declaró 2010 como año internacional de la biodiversidad para promover una sensibilización sobre la necesidad de proteger la diversidad biológica. Uno de los carteles utilizados para concienciar a la población ha sido el siguiente:

Diseña un cartel con un eslogan para promover la conservación de la biodiversidad.

# Pon en práctica tus capacidades

## El retroceso de los glaciares

**Los glaciares aumentan bruscamente su velocidad tras un terremoto glacial**

*Algunos de los glaciares que drenan el gran manto de hielo que cubre Groenlandia son los más rápidos del mundo. Son glaciares continentales, caracterizados por tener forma de valle y por conectar la zona de acumulación de hielo directamente con el mar, una circunstancia que hace que se vean afectados por la fuerza de las mareas.*

*Un equipo internacional, dirigido por investigadores del Consejo Superior de Investigaciones Científicas (CSIC), ha descubierto que el flujo de hielo de uno de estos glaciares responde bruscamente a la marea oceánica tras producirse un terremoto glacial. […]*

*Al igual que el agua de los ríos fluye, el hielo de los glaciares se deforma y se desliza sobre la base a una determinada velocidad […]: cuando la marea baja, el glaciar se acelera, y cuando sube se ralentiza.*

*[…] Para los investigadores, existe una relación entre los terremotos glaciales y los desprendimientos de hielo en el frente del glaciar. Según la teoría con la que trabajan, el terremoto se produce después de desprenderse del glaciar un bloque de hielo inestable, más alto que ancho. «Al desprenderse, rotaría y chocaría con la cara frontal ejerciendo una fuerza de empuje sobre todo el glaciar, lo que generaría las ondas sísmicas que detectamos» […].*

www.csic.es/prensa
17 de agosto de 2010

**DEBES RECORDAR**

El reparto desigual de la energía solar (Unidad 7).
El motor de los agentes geológicos (Unidad 7).
El modelado del relieve. Los agentes geológicos (Unidad 8).
Los glaciares y los ríos (Unidad 8).

**1.** ● Según el contenido de la noticia, ¿cómo se produce un terremoto glacial?

a) Debido a los cambios en el nivel del agua provocados por la marea alta y la marea baja.
b) Por el choque entre dos placas litosféricas, siendo una de ellas la que contiene el glaciar.
c) Debido al desprendimiento de bloques de hielo en el frente del glaciar.
d) Por tsunamis producidos en alta mar.

**2.** ●● Explica cómo realizan los glaciares los tres procesos geológicos: erosión, transporte y sedimentación.

**3.** ●● A mediados del siglo XIX, el geólogo Louis Agassiz midió por primera vez el movimiento de los glaciares de los Alpes suizos y franceses.

Averigua cómo midió el movimiento del glaciar.

**4.** ● Las velocidades medias de desplazamiento de los glaciares son diferentes. Algunos presentan velocidades tan lentas que pueden establecerse árboles entre los derrubios depositados al final de la lengua glaciar. En otros casos, sin embargo, se desplazan varios metros por día. Tal es el caso del glaciar Byrd, situado en la Antártida, que, según los últimos estudios, se desplazaba de 750 a 800 metros por año. ¿Cuántos metros se desplazará este glaciar al día?

a) Unos 10 metros por día.
b) 2 metros por día.
c) Unos 62 metros por día.
d) Unos 75 metros por día.

**5.** ●● En Groenlandia y la Antártida es frecuente encontrar grandes icebergs que flotan en el agua. Averigua qué es un iceberg y si existe alguna relación entre los icebergs y los casquetes glaciares de estas regiones.

6. ●● Las imágenes corresponden a dos valles, cada uno originado por un agente geológico distinto. ¿Qué agente ha actuado en cada caso?

7. ●●● Busca tres imágenes del modelado glaciar en España.

Comenta dónde se encuentran y el tipo de modelado que ha causado el glaciar.

8. ●● Supón que un glaciar formó un valle en «U». Muchos años después, se ha derretido toda la nieve y el hielo, y en el mismo valle aparece un río. Con el tiempo, el río también ha erosionado el fondo del valle.

Dibuja el valle glaciofluvial final.

9. ●● La morrena central de un glaciar es el resultado de la confluencia de dos lenguas glaciares y sus respectivas morrenas laterales.

Si una lengua glaciar presenta dos morrenas centrales, ¿cuál crees que es la causa? Haz un esquema del glaciar con dos morrenas centrales.

10. ●● No todos los glaciares son iguales. Dependiendo de la altitud y de la latitud, se desarrollan glaciares alpinos o glaciares de casquete.

Observa las ilustraciones e indica qué tipo de glaciar aparece en cada una de ellas.

11. ● El Atlas es un sistema montañoso que recorre, a lo largo de 2400 km, el noroeste de África, desde Túnez hasta Marruecos, y que alcanza 4165 m en su pico más alto, el Toubkal. Sin embargo, en dicha cordillera no existen glaciares, mientras que en otras cordilleras de alturas similares o incluso menores sí que existen.

Explica a qué se debe este hecho.

12. ●● En un artículo aparecido en el periódico *El País*, el 19 de agosto de 2010, se achaca la desaparición de los glaciares de los Andes tropicales (en Venezuela, Ecuador, Colombia, Perú y Bolivia) al cambio climático:

> *En la Cordillera Real de los Andes bolivianos, a 5421 metros de altitud sobre el nivel del mar, se encontraba el glaciar Chacaltaya, y la estación de esquí más alta del mundo.*
>
> *El glaciar, esa tremenda mole de hielo acumulado durante milenios (se calcula que tenía unos 18000 años), empezó a retroceder centímetro a centímetro, metro a metro, poco a poco, hasta desaparecer por completo. En la actualidad, Chacaltaya es una lúgubre cumbre pelada con un inútil teleférico [...].*
>
> *Los glaciares son estructuras fundamentales para las economías de los Andes, por su papel indispensable en la regulación hídrica de las cuencas glaciares. Su mecanismo de acción se puede comparar al de una gran esponja. [...]*

a) Explica brevemente la relación entre el cambio climático y la desaparición de los glaciares.

b) ¿A qué crees que se refiere la noticia cuando compara el glaciar con una gran esponja?

c) ¿Por qué crees que los glaciares son indispensables para la economía de la zona?

13. ●● ¿Qué medidas crees que deberían adoptar los gobiernos a nivel mundial para evitar el retroceso de los glaciares?

# Pon en práctica tus capacidades

## Los seísmos y su prevención

### El terremoto más intenso sufrido en Haití en los últimos 240 años

*El terremoto de magnitud 7,3 en la escala Richter, registrado a 15 kilómetros de Puerto Príncipe, la capital de Haití, liberó una energía equivalente a la explosión de 200 000 kilos de trinitrotolueno (dinamita), según expertos en geología.*

*El presidente de Geólogos del Mundo, la ONG del Colegio Oficial de Geólogos de España, Ángel Carbayos, ha explicado que la energía que se libera en un seísmo de esta magnitud provoca unos efectos devastadores, y esos daños sobre las personas, los objetos y las construcciones son los que fijan la intensidad de un terremoto.*

*«Este terremoto tiene un asunto fastidioso y es que el epicentro está muy cerca de la capital, por lo que las ondas llegan con más intensidad, causando numerosos destrozos. Un seísmo de 7 en la escala Richter provoca destrucción masiva, con deslizamiento de terrenos que sepultan cualquier población», ha apostillado.*

*[...] Carbayos ha señalado que el movimiento sísmico se produjo a una profundidad de 10 kilómetros bajo la superficie por el choque de las placas tectónicas del Caribe y de Norteamérica que «se están moviendo continuamente y muy lentamente». Sin embargo, «no son frecuentes terremotos de tal envergadura desde hacía varias décadas en esta zona», a pesar de que es un área con gran actividad potencial. [...]*

*Carbayos ha precisado que Haití está sumido en un sistema de fallas bajo el mar que está al norte de Haití y otro que está al sur, y que ambas «están trabajando». [...]*

*El País*, 13 de enero de 2010

**DEBES RECORDAR**

Las manifestaciones del calor interno de la Tierra (Unidad 9).
Los terremotos (Unidad 9).
Los movimientos de las placas litosféricas (Unidad 9).
Los riesgos debidos a procesos internos (Unidad 9).

**1.** ● ¿Cuáles de las siguientes oraciones expresan correctamente el contenido de la noticia?

a) El epicentro se encontraba muy cerca de la capital, Haití.
b) El foco sísmico se produjo a una distancia de 10 km de la capital.
c) El seísmo se produjo por la confluencia de las placas del Caribe y de Suramérica.
d) El seísmo liberó una energía equivalente a la explosión de 7,3 bombas atómicas.
e) En esta región son frecuentes los terremotos de elevada intensidad.

**2.** ● ¿Por qué los terremotos se producen generalmente en unas áreas determinadas? ¿En qué áreas son más frecuentes?

**3.** ●● Consulta en Internet o en tu libro de texto el mapa de las placas litosféricas y clasifícalas en una tabla según sean oceánicas, continentales o mixtas.

**4.** ●● Una de las escalas que se emplean para medir la intensidad de un terremoto es la escala de Mercalli o una versión actualizada de la misma, la escala MSK. Busca en Internet información sobre dicha escala y contesta a las siguientes preguntas:

a) ¿En qué se basa la medida de la intensidad de un terremoto?
b) ¿Dónde será mayor la intensidad de un terremoto, en el epicentro o a 30 km de él? ¿Y la magnitud?

**5.** ● Estima qué magnitud debe tener un terremoto en la escala MSK para que se produzcan los fenómenos siguientes:

a) Deformación de los raíles de un tren.
b) Balanceo de los árboles.
c) Cambio de ritmo en los relojes de un péndulo.
d) Destrucción de tuberías subterráneas.
e) Desbordamiento de un río.
f) Rotura de ventanas y platos.
g) Balanceo de los objetos colgados.

6. ● ¿Por qué algunos terremotos provocan más daños que otros?

7. ●● Durante un seísmo, gran parte de la energía acumulada en la corteza terrestre se libera en forma de calor y otra parte es irradiada en forma de ondas sísmicas. Con esta base, para indicar lo intenso que ha sido o será un terremoto, en la década de los años treinta del siglo pasado, Charles Richter definió, tomando como base las características de California, el concepto de «magnitud» pensando en un parámetro que midiera la energía liberada en un terremoto. La escala de Richter permite relacionar la magnitud de un seísmo con los efectos que se perciben en la superficie terrestre.

Una buena manera de imaginarse la energía liberada por un terremoto según la escala de Richter es compararla con la cantidad de energía que se desprende durante una explosión nuclear o con la energía liberada por detonación de TNT (trinitrotolueno). Por ejemplo, para igualar la potencia de la bomba nuclear lanzada en Hiroshima, que tenía una potencia aproximada de 13 kilotones, serían necesarias 13000 toneladas de TNT. Se elabora así una escala en la que cada grado corresponde a 33 veces la energía del anterior.

| Magnitud | Energía equivalente en bombas de Hiroshima |
|---|---|
| 6 | 1 |
| 7 | 33 |
| 8 | 1 089 |

a) Busca en Internet la escala de Richter y explica los efectos que puede producir un terremoto de magnitud 6,5 en la escala de Richter. Compara sus efectos con el terremoto ocurrido en Haití.

b) ¿A cuántas bombas de Hiroshima equivaldría un terremoto de magnitud 9 en la escala de Richter? ¿A cuántas toneladas de TNT calculas que correspondería?

8. ●● El terremoto más catastrófico ocurrido en la Península Ibérica tuvo lugar en el año 1775, con su epicentro en la falla de Azores-Gibraltar. Tuvo una magnitud de 8,6 en la escala de Richter y causó más de 60000 víctimas, principalmente por el tsunami que provocó. Después de dicho seísmo se han producido varios más en la Península Ibérica, pero de menor intensidad.

Averigua cuáles son las regiones de España con mayor riesgo sísmico.

9. ●●● Cuando un terremoto se produce en el fondo marino, se originan ondas de gran energía en la masa del agua, que al llegar a la costa producen oscilaciones muy rápidas de varios metros en el nivel del mar, los tsunamis.

a) ¿Cómo se manifiesta un tsunami en la costa?

b) ¿En qué regiones del planeta es más frecuente que se produzcan?

c) ¿Crees que los efectos de un tsunami son los mismos para un barco que se encuentra en alta mar que para un barco atracado en un puerto? Razona tu respuesta.

d) ¿Crees que se puede predecir cuándo va a ocurrir un tsunami?

e) Imagina que eres el gobernante de una ciudad costera y que has sido informado de que en un máximo de dos horas va a llegar un tsunami a las costas. ¿Qué tipo de medidas adoptarías en tan breve espacio de tiempo con el fin de evitar un mayor número de víctimas?

10. ●●● A lo largo de la historia se ha producido un gran número de terremotos. Algunos, como el de Haití, han tenido efectos catastróficos. Actualmente es imposible predecir el lugar, la fecha y la hora exacta a la que va a ocurrir un terremoto. La mejor medida es conocer los fenómenos que se desencadenan en un seísmo y estar preparado para afrontar las situaciones, a veces inesperadas, que se producen. En España, el Instituto Geográfico Nacional recomienda una serie de medidas que hay que adoptar durante y después de un terremoto en aquellas zonas con mayor riesgo sísmico. Busca en Internet cuáles son esas medidas y contesta a las siguientes preguntas:

a) ¿Por qué no es recomendable que durante un seísmo gritemos *¡es un terremoto!*?

b) ¿Por qué recomiendan no fumar ni encender cerillas y mecheros después de un terremoto?

c) ¿Por qué es recomendable no usar el teléfono a menos que sea estrictamente necesario?

d) ¿Por qué no es recomendable encender la luz si estamos en la oscuridad?

e) En algunas regiones del mundo, como California, donde es frecuente la incidencia de terremotos, se recomienda a la población que tengan preparada un caja con una serie de objetos para prevenir las carencias o dificultades que se puedan presentar los primeros días después de un seísmo. Imagina que tuvieras que preparar una de esas cajas. ¿Qué introducirías en ella? Justifica cada elección.

11. ●● ¿Crees que si el terremoto acontecido en Haití hubiese ocurrido en California, habría tenido los mismos efectos? ¿Por qué?

# Pon en práctica tus capacidades

## Las ventajas de las fuentes renovables de energía

### La ex ministra Narbona defiende las energías renovables

*La embajadora de España ante la Organización para la Cooperación y el Desarrollo Económicos (OCDE), Cristina Narbona, ha afirmado que la Unión Europea será líder en la lucha contra el cambio climático si encabeza el cambio tecnológico para promover las energías renovables.*

*En una conferencia en la Universidad Internacional Menéndez y Pelayo, la ex ministra de Medio Ambiente ha juzgado necesario que «además de hacer normas que regulen y limiten las emisiones de $CO_2$ de empresas y coches» la Unión Europea sea el «agente del cambio en el resto del mundo».*

*A pesar de que la UE es el único organismo que ha diseñado un plan para la reducción de emisiones para después de 2012, cuando caduca el tratado de Kioto, la embajadora ha ido más allá y ha defendido que Europa también debe «apoyar de forma masiva la transformación tecnológica de los países en desarrollo».*

*Narbona ha esgrimido el dato de que un 25 % de las emisiones de China, primer emisor de gases contaminantes, son para fabricar productos que luego se venden en los países de la OCDE, por lo que no solo es importante analizar quién emite gases, sino quién consume, ha argumentado.*

*La representante de España ante la OCDE, que coordina las políticas económicas de los países desarrollados, ha asegurado en la charla que «el futuro energético del mundo solo tiene dos componentes: la energía nuclear, que en 2050 pesará un 5 % como mucho, y la 'eficiencia energética'» en forma de energías renovables.*

*Según indica, la Agencia de la Energía de la OCDE «prevé que hacia el 2015 habrá una gran crisis entre la oferta y la demanda de crudo» que volvería a disparar el precio del petróleo, mientra que recuerda que Europa gasta «diez veces más en subvencionar el carbón que en investigar en renovables». Por esta razón, indica, el cambio climático es «un problema ambiental, pero con consecuencias de características económicas».*

*El Mundo*, 25 de agosto de 2010

**DEBES RECORDAR**

Qué es la energía (Unidad 10).
Características de la energía (Unidad 10).
Las fuentes de energía y sus tipos (Unidad 10).
Fuentes renovables y no renovables de energía (Unidad 10).

**1.** ● Indica cuáles de las siguientes oraciones expresan el contenido de la noticia:

a) Narbona anima a los países en desarrollo a que lideren el cambio tecnológico a través de las fuentes renovables de energía.
b) La ex ministra pide que se analice qué países emiten $CO_2$, pero también qué países consumen sus productos.
c) El futuro se vislumbra sobre dos pilares: la energía nuclear y las de fuentes renovables.
d) La Unión Europea es el primer emisor de gases contaminantes del mundo.

**2.** ● En el texto se señalan tres energías de fuentes no renovables.

Indica cuáles son y señala qué desventajas presenta cada una.

**3.** ● En ocasiones tendemos a utilizar indistintamente términos que no son sinónimos.

Explica las diferencias que existen entre los siguientes términos:

a) Recurso energético y fuente de energía.
b) Energía convencional y energía alternativa.
c) Energía alternativa y energía renovable.

4. ●● En la noticia se habla de «energías renovables», aunque lo correcto sería decir «fuentes renovables de energía».

Explica por qué.

5. ●●● El Protocolo de Kioto es un tratado ratificado por la mayoría de los países desarrollados (con alguna excepción importante, como Estados Unidos).

Busca información en Internet sobre el tratado de Kioto y sobre el grado de cumplimiento de este tratado por parte de España.

6. ●● Debatid en grupos las razones, tanto de tipo ambiental como económico, por las que tenemos que ir sustituyendo progresivamente el carbón y el petróleo como fuentes de energía primaria dominantes en favor de otras fuentes energéticas alternativas.

7. ●● Ante una crisis total del petróleo, ¿crees que existen otras fuentes de energía que pudieran satisfacer las demandas energéticas de la humanidad? ¿Son hoy día una alternativa clara o es necesario continuar investigando para mejorar su aprovechamiento?

8. ●● ¿Por qué se considera que el cambio climático es un problema ambiental global? Indica cuáles de los siguientes problemas ambientales se pueden considerar globales y justifica tus respuestas:

a) Agujero de la capa de ozono.
b) Contaminación de las aguas.
c) Lluvia ácida.
d) Pérdida de biodiversidad.
e) Ozono troposférico.
f) Contaminación acústica.
g) Contaminación luminosa.
h) Mareas negras.

9. ●● Busca información y explica cuatro posibles efectos que el cambio climático produciría sobre la Península Ibérica.

10. ●● La energía es la capacidad que tienen los cuerpos de producir transformaciones.

Observa las fotografías e indica todas las transformaciones de energía que observas en ellas.

11. ●●● Reuníos en grupos y señalad las distintas medidas que se podrían aplicar en España para reducir el calentamiento global. Seguidamente, señalad aquellas que se puedan llevar a cabo a nivel local (ayuntamiento, instituto, casa...).

12. ●●● Algunas de las opciones existentes para disminuir la concentración de $CO_2$ atmosférico consisten en retirar este gas de la atmósfera.

Busca información sobre alguna de las posibilidades que se plantean para conseguirlo.

13. ●●● La fusión nuclear se considera como la energía del futuro. Elabora un informe sobre este tipo de energía, resume brevemente en qué consiste e indica por qué actualmente su uso plantea dificultades técnicas e inconvenientes.

# Pon en práctica tus capacidades

## Problemas y beneficios de los biocombustibles

**Biocombustibles: ¿héroes o villanos?**

*Los biocombustibles han sido aclamados como la gran esperanza de la energía sostenible, en particular para reducir las emisiones de $CO_2$ del transporte. La Unión Europea ha anunciado planes para que el 10 % de toda la energía provenga de plantas el año 2020.*

*Pero de repente son vistos como una amenaza para el medio ambiente que ha provocado la tala de selvas tropicales para la producción de aceite de palma, así como el hambre y la escasez para millones de personas.*

*Sin embargo, hay buenos y malos biocombustibles; existen formas eficientes para producir biocombustibles y otras que no lo son.*

*En algunas ciudades, se recogen residuos de aceite de cocina de los restaurantes y se transforman en combustible de forma eficiente, pero las cantidades producidas son relativamente pequeñas.*

*En cambio, los biocombustibles obtenidos a partir del maíz utilizan tanta energía en su cultivo y procesamiento como la que producen al final del proceso. Puede decirse que el uso de etanol de maíz en los EE UU es más una excusa para subvencionar a los agricultores que una solución ambiental.*

Traducida y modificada de *Open2.net*
http://www.open2.net/blogs/money/index.php/2008/03/13/biofuels?blog=5

**DEBES RECORDAR**

La nutrición de las plantas (Unidad 2).
Las fuentes de energía y sus tipos (Unidad 10).
El desigual reparto de la energía solar (Unidad 7).
Fuentes renovables y no renovables de energía (Unidad 10).

**1.** ● Partiendo de la lectura del texto, indica, de forma razonada, qué biocombustibles son eficientes y cuáles no.

**2.** ● ¿Por qué razones se considera actualmente que los biocombustibles son una amenaza seria para el medio ambiente?

a) Porque disminuyen la biodiversidad.
b) Porque han provocado la tala de una gran superficie de selva tropical.
c) Porque su uso provoca el hambre para las personas a largo plazo.
d) Porque su utilización produce un aumento del cambio climático.

**3.** ● ¿Qué son los biocombustibles? ¿Y la biomasa? Señala ejemplos de cada uno.

**4.** ●● Después de la lectura de la noticia, propón una definición para buen biocombustible y otra para mal biocombustible.

**5.** ●● De la siguiente lista, señala las ventajas e inconvenientes que presenta el empleo de la biomasa con fines energéticos:

a) Su uso no requiere de tecnologías sofisticadas ni costosas.
b) Se reduce la acumulación de residuos sólidos urbanos, pues se usan para obtener energía.
c) Su rendimiento energético es bajo.
d) Los tratamientos de la biomasa generan productos contaminantes y peligrosos para la salud.
e) Su consumo en los países en vías de desarrollo está provocando la deforestación.
f) Su obtención se puede ajustar a la demanda.
g) El almacenamiento requiere mucho espacio.
h) Su uso reduce la dependencia de las importaciones de crudo.
i) Es un recurso muy difícil de obtener en los países menos desarrollados.
j) Produce residuos radiactivos.

6. ●● **Los siguientes dibujos muestran las relaciones de la humanidad con la biosfera en varias épocas.** Observa los dibujos y señala las formas en las que la humanidad ha aprovechado la biomasa a lo largo de la historia.

7. ●● **Averigua cuál es la energía más utilizada por el ser humano en la actualidad.**
   a) La eólica
   b) La maremotriz.
   c) La solar.
   d) Los combustibles fósiles.

8. ●● **¿Es posible promover en tu Comunidad Autónoma el uso de energías de fuentes renovables? ¿Existen ya instalaciones destinadas a aprovechar estas fuentes?**
   Busca la información para responder a las cuestiones en diversas fuentes.

9. ●●● **La siguiente tabla muestra el consumo de energías de fuentes renovables en España (KTEP) desde 1990 a 2010.**

| | 1990 | 2000 | 2004 | 2007 | 2010 |
|---|---|---|---|---|---|
| Hidráulica | 2203 | 2535 | 2714 | 2284 | 3111 |
| Eólica | 1 | 403 | 1338 | 2385 | 3914 |
| Biomasa | 3753 | 3630 | 4107 | 4574 | 9208 |
| Biogás | – | 125 | 275 | 339 | 455 |
| Biocarburantes | – | 51 | 228 | 159 | 2200 |
| R. S. U. | – | 261 | 395 | 404 | 395 |
| Solar térmica | 22 | 31 | 54 | 95 | 376 |
| Solar fotovoltaica | 0 | 2 | 5 | 158 | 52 |
| Solar termoeléctrica | 0 | 0 | 0 | 0,7 | 509 |
| Geotérmica | 3 | 8 | 8 | 8 | 8 |
| TOTAL | 5983 | 7047 | 9124 | 10407 | 20228 |

   a) Define qué son las fuentes renovables de energía e indica las que pueden utilizarse en España.
   b) El KTEP es una unidad de energía. Busca en Internet su equivalencia.
   c) Analiza y comenta los datos que aparecen en la tabla. Por ejemplo, indica cuáles son las energías más empleadas, las que más han aumentado…
   d) Elabora un gráfico que refleje la evolución del consumo total de energías de fuentes renovables en España entre 1990 y 2010.

10. ●● **El consumo de biomasa (especialmente leña) está provocando en los países subdesarrollados la deforestación de áreas cada vez mayores. Eso lleva consigo la pérdida de suelo.**
   Indica qué consecuencias tiene la pérdida de suelo:
   a) Aterramiento o colmatación de embalses.
   b) Agravamiento de inundaciones.
   c) Pérdida de biodiversidad.
   d) Aumento de la contaminación atmosférica.
   e) Deterioro de ecosistemas naturales.
   f) Incremento del efecto invernadero.
   g) Aumento de la desertización.

# Pon en práctica tus capacidades

## Las consecuencias de la contaminación luminosa

### Que no brille solo el lucero del alba

**La contaminación lumínica daña el ambiente, la salud y es un problema para los astrónomos. Las autonomías empiezan a frenar el derroche**

*[…] Como cada agosto, los restos de polvo del cometa Swift-Tuttle desencadenan un curioso fenómeno en el firmamento, la lluvia de estrellas conocida como las Perseidas o Lágrimas de San Lorenzo. Pero verla es cada vez más complicado, sobre todo en las grandes urbes. «En 20 años hemos perdido en España una magnitud aparente», señala David Galadí, astrónomo del Observatorio de Calar Alto (Almería): es decir, vemos menos estrellas que nuestros abuelos, que podían observar a simple vista objetos hasta tres veces menos brillantes.*

*El principal enemigo de los observatorios astronómicos es la contaminación lumínica. […]*

*[…] Al margen del derroche energético, la contaminación lumínica afecta a los ciclos vitales y a los comportamientos de especies animales y vegetales con hábitos de vida nocturnos. Al ser humano también le provoca molestias como la fatiga visual, la ansiedad y alteraciones del sueño. Según explica Ángeles Rol de Lama, profesora de Fisiología y miembro del Laboratorio de Cronobiología de la Universidad de Murcia, la luz durante las noches también afecta a la glándula pineal, localizada en el cerebro y que desempeña un papel fundamental en el reloj biológico en los vertebrados.*

*Esta pequeña glándula produce y libera en el cuerpo humano la hormona melatonina, pero lo hace en mayor cantidad durante las noches y en momentos de oscuridad, según esta investigadora. La melatonina está considerada como un agente anticancerígeno que frena el inicio y la progresión de algunos tumores.*

*También es una molécula antioxidante que frena el envejecimiento de las células y la aparición de enfermedades degenerativas. En concreto, la contaminación lumínica provoca «un aumento del riesgo» en determinados tipos de cáncer como el de próstata, mama y colo-rectal. […]*

*El País*, 21 de agosto de 2010

**DEBES RECORDAR**

La relación y la coordinación en los seres vivos (Unidad 3).
El sistema endocrino (Unidad 3).
La refracción de la luz (Unidad 12).
La descomposición de la luz (Unidad 12).

**1.** ● ¿Cuál es la idea principal del texto? Resúmela en una frase.

**2.** ● Lee detenidamente el texto y responde las preguntas:

a) ¿Qué son las Perseidas?
b) ¿Por qué es cada vez más difícil observar las Perseidas?
c) ¿Qué efectos produce sobre las personas la contaminación luminosa?
d) ¿Qué relación existe entre la melatonina, la contaminación luminosa y determinados tipos de cáncer?

**3.** ●● Busca información y explica el significado de los siguientes términos:

Lucero del alba, cometa, hormona, ciclo vital, glándula, tumor, enfermedad degenerativa.

**4.** ●● En la noticia se menciona la relación que hay entre la contaminación luminosa y la glándula pineal. Indica cuáles de los siguientes órganos se pueden considerar como glándulas endocrinas:

Páncreas, timo, bazo, tráquea, tiroides, vesícula biliar, testículos, ovarios, médula ósea, ganglios, cápsulas suprarrenales.

5. ●● Consulta qué es la glándula pineal y dónde se encuentra.

Luego, dibuja en tu cuaderno un esquema que indique su posición anatómica.

6. ●● Los rayos de luz se desvían en mayor o menor medida según sea su color.

Busca fotografías en Internet u otros medios y responde las preguntas.

a) Al observar un arco iris, ¿qué color se ve más alto, el rojo o el azul?

b) ¿Qué color se desvía más al atravesar la luz blanca un prisma de vidrio, el color violeta o el rojo?

7. ●●● Nuestra vista es insensible a los colores cuando la luz es escasa. Ese es el motivo por el que las estrellas que vemos en el cielo nos parecen tenues puntos de luz sin color definido. Observa el cielo una noche lejos de la polución luminosa de pueblos y ciudades con ayuda de algún instrumento óptico (telescopio o prismáticos).

¿Son todas las estrellas blancas? ¿De qué colores puedes verlas? ¿A qué crees que se debe el color que presentan las estrellas? Localiza, con ayuda de un mapa estelar, alguna constelación y dibújala, tratando de reflejar el brillo y el color de cada estrella.

8. ●● Indica cuáles de las siguientes afirmaciones referentes a la luz son verdaderas:

a) El ojo humano está capacitado para ver toda la radiación que llega del espacio.

b) El sentido de la vista distingue unas ondas de luz de otras y produce la sensación del color.

c) El Universo tiene más colores de los que somos capaces de percibir con nuestros ojos.

d) La luz visible es una parte muy reducida del espectro electromagnético.

9. ●●● En algunos planetas y satélites, como Mercurio o la Luna, el cielo es siempre negro, incluso de día.

¿Por qué en nuestro planeta el cielo se ve azul durante el día y negro durante la noche?

10. ●●● Los efectos de la contaminación luminosa sobre la fauna y la flora no son todavía muy conocidos. Investiga en Internet sobre algunos de los efectos de este tipo de contaminación en los siguientes grupos de organismos:

a) Insectos.

b) Plantas entomógamas.

c) Murciélagos.

d) Plancton marino.

11. ●● La preocupación social por la contaminación luminosa es algo muy reciente, y una gran parte de la población lo considera más un hecho curioso que un motivo de preocupación.

Redacta un texto donde expliques tu postura al respecto y la argumentes.

12. ●●● Sobre un callejero de tu localidad, construye un mapa simplificado de contaminación luminosa. Indica en color rojo las zonas muy contaminadas, con amarillo las contaminadas y con verde las zonas poco contaminadas.

Según los resultados obtenidos en tu investigación, redacta un plan de medidas correctoras encaminadas a mejorar la calidad del cielo en tu localidad.

# Pon en práctica tus capacidades

## El aprovechamiento de la energía del Sol

### Energía solar desde el espacio

*Parece ciencia ficción, pero resulta ser una idea no tan descabellada. Teniendo en cuenta que en el espacio no existe ningún tipo de interferencia en forma de gases y otros compuestos, como ocurre en la atmósfera, ¿por qué no colocar paneles solares en el espacio para generar energía solar? Esta es una de las «Valiosas Ideas Desaprovechadas» expuestas recientemente en Nueva York.*

*Según han explicado algunos científicos en el marco de las conferencias TED (Ideas Worth Spreading) discutidas en Nueva York recientemente, la colocación de varios satélites en una órbita fija, con sus respectivos módulos fotovoltaicos, podría captar la luz solar ininterrumpidamente. De este modo, un módulo colocado en el espacio capturaría entre seis y ocho veces más energía que ese mismo módulo colocado en la Tierra. El problema llega a la hora de transportar esa energía capturada los miles de kilómetros que separan al satélite de la superficie terrestre.*

*Para hacer llegar la energía acumulada en los satélites orbitales hasta la superficie de la Tierra para que sea consumida, los investigadores han propuesto un sistema basado en las microondas. Según los científicos, la transmisión de la energía [...] sería muy eficiente y no sería ninguna amenaza para los seres vivos.*

www.muyinteresante.es 17 de febrero de 2010

**DEBES RECORDAR**

La energía del Sol (Unidad 7).
Los riesgos de la energía solar (Unidad 7).
La propagación de la luz (Unidad 12).
La refracción y la descomposición de la luz (Unidad 12).

**1.** ● ¿Qué crees que se quiere expresar con la expresión *valiosas ideas desaprovechadas*?

**2.** ● De las siguientes energías, señala las que son independientes de la energía solar:

Eólica, geotérmica, biomasa, maremotriz, nuclear, fotovoltaica, hidroeléctrica.

**3.** ● La radiación que emite el Sol está compuesta por radiaciones de diferentes tipos, que se clasifican según la longitud de onda. Son, principalmente, la radiación ultravioleta, la luz visible y la radiación infrarroja.

a) ¿De qué tipo de radiación nos protege la atmósfera?

b) ¿De qué modo nos protege la atmósfera de esas radiaciones?

c) ¿Qué problema medioambiental hizo que la atmósfera perdiera eficiencia al protegernos de dichas radiaciones?

**4.** ●● Averigua qué es el albedo y señala qué relación tiene con el enfriamiento y el calentamiento terrestres.

**5.** ●● Indica si las siguientes afirmaciones son verdaderas o falsas. En este último caso, escríbelas correctamente.

a) La energía emitida por el Sol se genera como consecuencia de las reacciones nucleares de fusión que tienen lugar en su interior.

b) Los rayos solares se propagan a través del espacio en forma de ondas electromagnéticas.

c) La radiación solar se traslada por el espacio a una velocidad de 3 000 000 km/s.

d) Los polos son las zonas de la Tierra que mayor radiación solar reciben.

e) La energía del Sol llega por igual a las diferentes zonas del planeta.

f) Las variaciones estacionales de la energía solar que llega a la tierra dependen de la posición del Sol a lo largo del año.

**6.** ●● Al existir diferentes formas de energía (radiante, calorífica, química, radiactiva...), se han empleado diferentes unidades de medida de esa energía. Sin embargo, es recomendable unificar estas unidades y emplear el julio (J), la unidad de trabajo en el Sistema Internacional de unidades.

En el siguiente cuadro se indican diversas unidades de energía. Transfórmalas en julios.

| Ámbito de uso | Unidad |
|---|---|
| Calor | Caloría (cal) |
| Electricidad | Kilowatio-hora kWh |
| Nuclear | Electrón-voltio (eV) |
| Consumo energético | Tonelada equivalente de carbón (T.E.C.) |
| | Tonelada equivalente de petróleo (T.E.P.) |

**7.** ● Una gran parte de la energía solar vuelve a ser emitida por la superficie terrestre hacia el espacio como radiación infrarroja. Gran parte de ella es absorbida por los gases de la atmósfera, que la retienen y la reenvían a la superficie. A este comportamiento de la atmósfera se le denomina efecto invernadero natural.

Compara el efecto invernadero natural con lo que ocurre en un invernadero como el de la fotografía y explica qué ocurriría en el planeta si no existiera el efecto invernadero.

**8.** ●● La luz procedente del Sol viaja a través del vacío y calienta la Tierra tras recorrer ciento cincuenta millones de kilómetros.

a) ¿Cuánto tiempo tarda la luz en recorrer la distancia que separa el Sol de la Tierra?

b) ¿Cuánto tarda en llegar a Neptuno?

c) ¿Cuánto tarda en llegar a la estrella más cercana a la Tierra?

**9.** ●●● La superficie de nuestro planeta recibe un flujo de energía de 342 $W/m^2$. De este flujo, 80 $W/m^2$ son absorbidos por la atmósfera y 102,6 $W/m^2$ son reflejados hacia el espacio, tanto por la atmósfera (17,1 $W/m^2$) como por la superficie del suelo. La absorción por la tierra y por el agua es de 71,82 $W/m^2$ y 86,53 $W/m^2$, respectivamente

a) Calcula los porcentajes que corresponden a los flujos energéticos que se nombran.

b) Realiza un dibujo esquemático que recoja la información anterior.

c) Calcula la cantidad de energía aprovechada por la vegetación.

**10.** ●● ¿Cuáles son las ventajas y los inconvenientes de emplear la energía solar?

Elabora una tabla con, al menos, tres ventajas y tres inconvenientes.

**11.** ●● Observa las fotografías y responde.

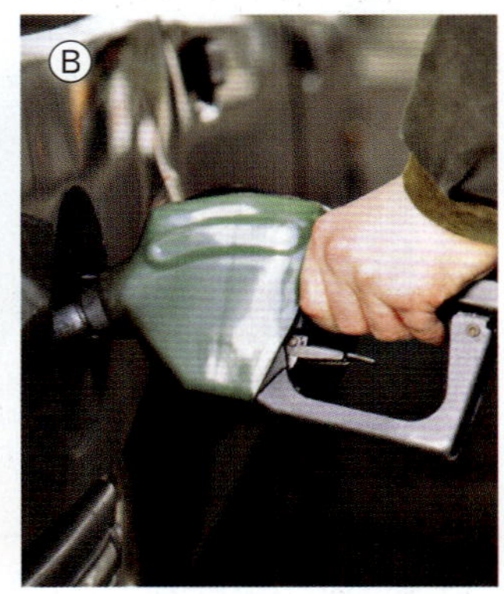


a) ¿A qué fuente de energía hace referencia cada fotografía?

b) Explica por qué el Sol es responsable en último término de las fuentes de energía anteriores.

**12.** ●● En la siguiente gráfica está representado el consumo diario de energía por persona a lo largo de la historia.

Señala los motivos por los que crees que ha aumentado el consumo energético, desde la sociedad primitiva hasta la actual.

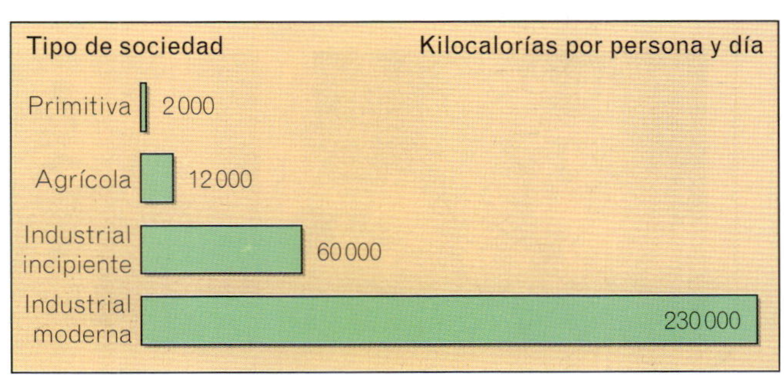

# Ecosistemas representativos de España

## La alta montaña

Cabra montés.

La alta montaña se caracteriza por un clima muy riguroso, con inviernos muy fríos, en los que con frecuencia está cubierta de nieve y hielo, y veranos secos. En las montañas más altas hay nieves perpetuas e incluso glaciares, aunque en retroceso.

En la alta montaña no existen árboles, solo algunos arbustos, como los piornos, y diversas plantas herbáceas que, a menudo, forman prados.

Muchos de los animales de alta montaña deben hibernar o emigrar a zonas más bajas en invierno. Algunos de estos animales son el rebeco, la cabra montés, el águila real, el quebrantahuesos o la perdiz nival.

Pico y glaciar del Aneto.

## El bosque atlántico

Es el bosque propio de las zonas con clima atlántico, en la mitad norte de la Península. En él predominan árboles caducifolios, principalmente el haya y el roble, aunque acompañados por otras especies arbóreas, como el abedul, el fresno, etc.

Bajo los árboles existe un rico sotobosque con arbustos, helechos, musgo…

Entre la fauna destacan especies tan escasas y emblemáticas como el oso y el urogallo, así como el ciervo, el corzo, el jabalí, el zorro, diversos pájaros carpinteros…

Hayedo.

Oso pardo.

Pito negro.

## El bosque mediterráneo

Ocupa zonas de clima mediterráneo, es decir, con veranos cálidos y secos y una variación estacional muy marcada. La vegetación se caracteriza por la presencia de especies perennifolias con hojas pequeñas y coriáceas. La especie más representativa es la encina, aunque también encontramos el alcornoque, el quejigo, el pino carrasco…

A veces no aparece un bosque, sino un matorral con diversos arbustos, como el acebuche, la jara, la coscoja, el madroño, el romero, etc,

El bosque mediterráneo alberga especies endémicas de la Península, como el águila imperial y el lince ibérico, además de otras muy representativas, como el conejo, la perdiz roja, el buitre negro, la cigüeña negra, el lagarto ocelado, etc.

Lince ibérico.

Buitre negro.

Encinar.

## La laurisilva

La laurisilva es un tipo de bosque que se encuentra en las islas Canarias, en zonas orientadas al norte y a una altitud entre 600 m y 1 200 m. Este bosque recibe el agua por la condensación de la humedad que llevan los vientos alisios.

La laurisilva es un bosque muy verde, con árboles de hojas anchas y coriáceas, que recogen la humedad, como el laurel canario. Además, hay una gran cantidad de plantas acompañantes, como musgos, helechos y arbustos.

Los animales más abundantes son los invertebrados, especialmente, los insectos. Además, en estos bosques viven dos especies de paloma que son endémicas de este ecosistema, la paloma rabiche y la turqué.

Paloma rabiche.

Paloma turqué.

Laurisilva.

## El bosque de ribera

Los bosques de ribera, también llamados bosques de galería, son los que se encuentran a lo largo de los cursos de agua. Están formados por especies de árboles que van cambiando en función de su distancia al agua.

Los árboles más cercanos a la orilla son los sauces, seguidos por los alisos, los álamos, los fresnos, los olmos y los tarajes. También hay abundantes arbustos, como zarzas y rosales, y especies herbáceas, como juncos, carrizo, espadaña…

Los bosques de ribera dan cobijo a una rica fauna relacionada con el curso de agua, como el martín pescador, numerosos pajarillos, diversas garzas, la nutria, la rata de agua…

Río Cabriel.

## La estepa

Las estepas son zonas llanas con predominio de plantas herbáceas y arbustos. Se dan en lugares secos con temperaturas extremas por el frío o por el calor.

En España hay estepas naturales, pero también hay estepas creadas por el ser humano, los grandes cultivos cerealistas.

Entre la fauna encontramos la liebre, el ratón de campo, numerosos reptiles y, sobre todo, un grupo de aves exclusivas de las estepas, como la avutarda, el sisón, el cernícalo primilla, el alcaraván, el aguilucho cenizo…

Avutarda.

Cernícalo primilla.

Estepa en los Monegros.

# Ecosistemas representativos de España

## El tabaibal-cardonal

Se trata de un ecosistema exclusivo de las islas Canarias, que se encuentra en la parte más baja de las islas, en condiciones de gran sequedad y altas temperaturas.

Las tabaibas y los cardones son plantas de tallos carnosos, en los que acumulan agua. Además, van acompañados de otros pequeños arbustos.

Bisbita caminera.

Entre la fauna destacan los insectos, los lagartos y las aves, como la bisbita caminera y el pájaro moro.

Tabaibal-cardonal.

## Las costas rocosas

Las costas rocosas albergan una gran biodiversidad. En ellas abundan los invertebrados que crecen fijos a las rocas o escondidos en sus grietas, así como numerosos peces que se ocultan en las cavidades que se forman.

Existen numerosas algas pluricelulares, puesto que pueden sujetarse a las rocas. Algunas de ellas acumulan sales de calcio, de modo que contribuyen a formar arrecifes.

Entre los invertebrados, hay celentéreos, como corales, anémonas y gorgonias, artrópodos, especialmente crustáceos, moluscos, como caracoles, pulpos y bivalvos, estrellas y erizos de mar, y muchos otros. Muchos de estos invertebrados son mariscos de valor comercial.

Entre la infinidad de peces que habitan este ecosistema, destacan algunos depredadores, como las morenas, los congrios o los meros.

Morena.

Anémona amarilla.

## Las praderas submarinas

Un ecosistema de gran valor es el constituido por las praderas de plantas submarinas, como la *Posidonia oceanica*, la *Zostera marina* o la *Cymodocea nodosa*.

Estas praderas están formadas por auténticas plantas, con flores y frutos, adaptadas a la vida submarina. Son capaces de instalarse en zonas arenosas, donde enraízan y construyen una red de raíces y rizomas que fija la arena y forma un sustrato adecuado para otros muchos animales, como alevines de peces de gran valor comercial que encuentran refugio en estas praderas. También encontramos esponjas, estrellas, erizos, numerosos invertebrados y algunos peces muy característicos, como el caballito de mar, la salema, la herrera o el salmonete.

Salmonete.

Pradera de posidonia.

Caballito de mar.

## Los ríos

La característica principal de los ríos es el flujo de agua desde el nacimiento hasta la desembocadura.

En el curso alto de los ríos este flujo es rápido y el agua es fría. Existen cascadas, rápidos y turbulencias que hacen que el agua esté muy oxigenada. En esta zona el agua es muy limpia, con pocos nutrientes. Hay pocas algas y poca vegetación. Encontramos larvas de insectos que se agarran fuertemente a las plantas y el fondo, así como ranas y tritones. Aquí habitan peces como truchas y salmones, que son vigorosos y necesitan mucho oxígeno para luchar contra la corriente.

A medida que el río va descendiendo, en los cursos medio y bajo, las aguas son más lentas y cálidas, se van enriqueciendo en nutrientes y contienen menos oxígeno, por lo que la biocenosis va cambiando. Son más abundantes las algas y las plantas, así como los invertebrados. Entre los peces, aparecen otras especies, como los barbos, las anguilas, etc. En la desembocadura se encuentran incluso peces típicos de ecosistemas marinos capaces de tolerar distinta salinidad.

Tritón ibérico.

Trucha común.

## Los humedales interiores

En el interior de la Península existen varias zonas húmedas, como las lagunas de Villafáfila, Gallocanta o las tablas de Daimiel, con un gran valor ecológico.

Estas zonas húmedas albergan una vegetación acuática con carrizos, eneas, caras, etc., y acogen una rica fauna, con peces, anfibios, reptiles y, especialmente, una rica avifauna, formada por especies residentes, como el ánade real y la focha, nidificantes estivales, como el martinete y la cigüeña blanca, y aves invernantes, como los gansos.

Grullas en la laguna de Gallocanta.

## Los humedales costeros

En las zonas costeras de España existen numerosas zonas húmedas de agua salobre o salada, como el delta del Ebro, la albufera de Valencia, el Mar Menor, las marismas de Doñana, Urdaibai, las marismas de Santoña, la ría del Eo, además de otras zonas menores, como marjales, salinas, estuarios, rías, etc.

La vegetación es muy característica, formada por especies resistentes al agua salada, como sosas, siemprevivas y otras. La fauna varía, dependiendo de la salinidad. En todas ellas destacan las aves, tanto las que crían en ellas como las que las emplean como lugares de invernada o paso durante las migraciones.

Marismas de Santoña.

# Conceptos clave

### **A**comodación visual
Cambio que se produce en la forma del cristalino para que los rayos de luz se enfoquen correctamente sobre la retina.

### Aerología
Parte de la meteorología que estudia los fenómenos atmosféricos a escala local, como las brisas.

### Aislante térmico
Material que no conduce bien el calor, como el corcho, la madera o el porexpán.

### Angiosperma
Planta con flores y semillas encerradas en un fruto, como la encina o la amapola. Del griego, *angeion*: vaso o receptáculo, y *sperma*: semilla.

### Anticiclón
Zona de la superficie terrestre donde la presión atmosférica es mayor que en las zonas colindantes. Se caracteriza por presentar cielos despejados y vientos flojos o en calma.

### Año luz
Distancia que la luz recorre en un año. Corresponde aproximadamente a 9,5 billones de kilómetros.

### Autótrofo
Ser vivo que puede elaborar materia orgánica a partir de agua y dióxido de carbono, generalmente utilizando energía luminosa mediante la fotosíntesis. Son autótrofos las plantas, las algas y las bacterias fotosintéticas, y reciben también el nombre de organismos productores. Del griego, *auto*: uno mismo, y *trophós*: comer.

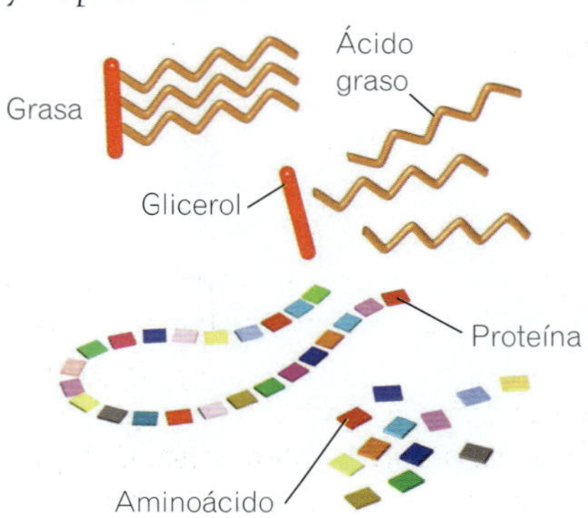


### **B**iocenosis
Conjunto de los seres vivos que forman parte de un ecosistema. La biocenosis es la parte viva del ecosistema, mientras que el biotopo es la parte inerte. Del griego, *bios*: vida, y *koinós*: común.

### Biodiversidad
Cantidad de especies diferentes que hay en un lugar, en un ecosistema o en cualquier otro sistema considerado. Cuanto mayor es la biodiversidad, más complejas son las relaciones que se establecen entre los seres vivos.

### Bioelemento
Elemento químico presente en los seres vivos y que forma las biomoléculas. Son ejemplos de bioelementos el carbono, el hidrógeno, el oxígeno y el nitrógeno.

### Bioma
Conjunto de ecosistemas de una zona de la Tierra caracterizada por un determinado clima o unas determinadas condiciones. Las selvas ecuatoriales, los desiertos tropicales o los fondos oceánicos son ejemplos de biomas en los que pueden encontrarse diferentes ecosistemas.

### Biomasa
Cantidad de materia viva que hay en un ser vivo, en un ecosistema o en cualquier otro sistema considerado. También es la materia orgánica procedente de los seres vivos, que puede utilizarse como fuente energética. Es la fuente de energía renovable más utilizada.

### Biomolécula
Molécula constituyente de los seres vivos. Las biomoléculas están formadas por la unión de átomos de ciertos elementos químicos. Se pueden clasificar en dos tipos: inorgánicas, como el agua y las sales minerales, y orgánicas, exclusivas de los seres vivos, como los glúcidos, los lípidos, las proteínas y los ácidos nucleicos.

### Biosfera
Conjunto de todos los seres vivos que hay en la Tierra. Del griego, *bios*: vida, y *sphâira*: esfera.

### Biotopo
Espacio físico ocupado por un ecosistema, incluidos todos los componentes no biológicos, como las rocas, el agua y el aire, y todas las variables que se pueden medir en él: temperatura, horas de luz, humedad, cantidad de oxígeno disuelto en el agua, etc. Del griego, *bios*: vida, y *tópos*: lugar.

### Bipartición
Modalidad de reproducción asexual en la que una célula se divide en dos mitades aproximadamente iguales. Es frecuente en bacterias y protozoos.

### Borrasca
Zona de la superficie terrestre donde la presión atmosférica es menor que en las zonas colindantes. La llegada de una borrasca suele ir acompañada de nubosidad y precipitaciones.

### Brisa
Fenómeno aerológico producido por el movimiento a escala local de una masa de aire que se desplaza debido a una diferencia de temperatura entre dos puntos de la superficie terrestre relativamente próximos.

### **C**alor
Energía que se transfiere de un cuerpo a otro cuando se encuentran a diferente temperatura. Su unidad en el Sistema Internacional es el julio (J), aunque se mantiene como unidad de uso habitual la caloría (cal).

### Canchal
Ladera cubierta de piedras sueltas, procedentes de la meteorización mecánica de las rocas que forman el relieve.

**Capilaridad**

Fenómeno físico por el cual ciertos líquidos, entre ellos el agua y sus disoluciones, ascienden por tubos de pequeño grosor venciendo la fuerza de la gravedad.

**Carbonización**

Transformación de la materia orgánica, especialmente de la madera, en carbón, debido a un aumento de la temperatura y la presión en ausencia de oxígeno. Este proceso natural se realiza también artificialmente en las carboneras para obtener carbón vegetal a partir de la madera.

**Cárstico**

Referente a la acción geológica de las aguas que producen una disolución sobre las rocas, ya sea en la superficie (modelado cárstico superficial) o en el subsuelo (modelado cárstico subterráneo). De la región de Karst, en la antigua Yugoslavia.

**Célula fotoeléctrica**

Dispositivo que produce electricidad cuando recibe luz. Se puede utilizar como detector del paso de personas o animales (como en la puerta de algunos ascensores), o como dispositivo para generar electricidad. En este caso se agrupan muchas células fotoeléctricas (llamadas células fotovoltaicas) formando un panel fotovoltaico.

**Cigoto**

Célula que resulta de la unión de dos gametos, uno masculino y otro femenino, a partir de la cual se desarrolla un individuo.

**Clasto**

Fragmento de roca de cualquier tamaño, forma y procedencia, que es producido por meteorización y evacuado por un agente geológico. Los clastos más pequeños son las partículas de arcilla, y los más grandes son los bloques transportados por los glaciares. Los fragmentos rocosos y de lava arrojados por los volcanes reciben el nombre de «piroclastos».

**Colada**

Capa de materiales de origen volcánico. Puede ser de lava o de piroclastos.

**Colonia**

Conjunto de células o individuos que crecen en un mismo lugar, que se especializan en diferentes funciones y que proceden de un mismo progenitor.

**Conductor térmico**

Material que conduce bien el calor, por ejemplo, la gran mayoría de metales.

**Contracción**

Disminución de tamaño que experimenta un cuerpo, ya sea sólido, líquido o gaseoso, debido al descenso de la temperatura.

**Cotiledón**

Cada una de las primeras hojas que aparecen en el embrión de una planta con semillas. Contiene reservas alimenticias para alimentar al embrión durante la germinación.

**Cumulonimbo**

Nube de gran desarrollo vertical, producida por corrientes ascendentes de gran potencia. Producen fuertes precipitaciones de lluvia y granizo, y fuertes rachas de viento. Se llaman también nubes de tormenta.

## D

**Descomponedor**

Organismo que se nutre de materia orgánica muerta, produciendo a partir de ella diversas sales minerales que vierte a su entorno, con lo que aumenta la fertilidad del suelo o del agua. Los organismos descomponedores son todos bacterias y hongos unicelulares.

## E

**Eclipse**

Fenómeno que tiene lugar cuando un cuerpo celeste queda oculto total o parcialmente por otro, impidiéndose así que el primero pueda ser visto normalmente. Los más comunes son los de Sol y los de Luna.

**Ecosfera**

Conjunto de todos los ecosistemas de la Tierra.

**Ecosistema**

Conjunto formado por los seres vivos que habitan en una determinada zona interactuando estrechamente entre sí, y los factores ambientales que caracterizan esa zona.

**Efecto invernadero**

Fenómeno natural que consiste en la elevación de la temperatura de la atmósfera y de la superficie terrestre, debido a la absorción de los rayos infrarrojos (calor), por parte de los gases atmosféricos, haciendo posible una temperatura apta para los seres vivos.

**Egestión**

Proceso por el cual los animales eliminan los residuos de los alimentos que no han podido ser digeridos y que deben ser expulsados al exterior del organismo, en forma de heces fecales.

**Energía**

Capacidad que tienen los cuerpos de producir transformaciones. Puede presentarse en diferentes formas: luz, calor, energía eléctrica, sonido, etc. En el Sistema Internacional la energía se mide en julios (J).

**Eólico**

Referente al viento. Del griego *Eolo*: dios de los vientos.

**Epicentro**

Lugar de la superficie terrestre situado justo en la vertical del hipocentro o foco sísmico. Es el lugar donde primero se percibe el terremoto, y donde este alcanza su mayor intensidad. Del griego, *epi*: encima, y *centro*: centro.

### Escorrentía

Flujo de agua. La escorrentía superficial está formada por las aguas salvajes y los ríos. Las aguas que fluyen por el interior de la corteza terrestre forman la escorrentía subterránea.

### Espejo

Superficies opacas y bien pulidas que reflejan la luz. Según su superficie, se pueden clasificar en planos y curvos.

### Esporangio

Estructura de los vegetales, en forma de saco, nacida del esporofito que se especializa en producir esporas. Del griego, *spora*: semilla, y *angeion*: vaso o recipiente.

### Esporofito

Tipo de individuo, o parte del mismo, que presentan las plantas a lo largo de su ciclo vital, capaz de producir esporas. En las plantas con flores y en los helechos corresponde a la parte visible. Del griego, *spora*: semilla, y *phyton*: planta.

### Estacional

Relativo a las estaciones del año. Por ejemplo, la floración de muchos vegetales, las nevadas o las sequías son fenómenos que se consideran estacionales, ya que son característicos de determinadas épocas del año.

### Estímulo

Cualquier cambio que se produce en el entorno de un ser vivo y que puede ser captado por él.

### Estoma

Abertura de tamaño microscópico que aparece en la epidermis de las partes verdes de las plantas, a través de la cual se realiza el intercambio de gases entre la planta y el exterior. Está compuesto por un poro u ostiolo y por dos células oclusivas que lo rodean. Del griego, *stóma*: boca.

### Eucariota

Organismo cuyas células poseen un núcleo delimitado por una membrana en el que se encuentra el material genético. Son organismos eucariotas los protozoos, las algas, los hongos, los animales y las plantas. Del griego, *eu*: bien, y *karyon*: núcleo.

### Excreción

Expulsión al exterior del organismo de los productos de desecho: dióxido de carbono, agua y amoníaco o algunos de sus derivados, como la urea o el ácido úrico.

## F

### Fisión nuclear

Reacción en la que un núcleo pesado (uranio, plutonio, etc.) se rompe para dar lugar a dos núcleos más ligeros, con liberación de gran cantidad de energía. Esta energía se usa en las centrales nucleares para producir energía eléctrica.

### Fitoplancton

Conjunto de algas y bacterias fotosintéticas que flotan en el agua del océano o de las masas de agua dulce. La mayoría de estas algas son unicelulares, o pluricelulares pero visibles únicamente al microscopio. Del griego, *phitos*: planta, y *planktón*: errante.

### Fotosíntesis

Proceso que permite producir materia orgánica a partir de dióxido de carbono y agua, utilizando para ello la energía luminosa del sol. Como residuo de este proceso se produce oxígeno. Ocurre en los cloroplastos, que se encuentran en las células de los organismos productores.

### Frecuencia

Número de oscilaciones que hace una onda por segundo. Su unidad en el Sistema Internacional es el hercio (Hz).

### Fuente de energía

Todo aquel medio natural o artificial a partir del cual podemos obtener energía útil. Se pueden agrupar en fuentes renovables y fuentes no renovables.

### Fusión nuclear

Reacción en la que dos núcleos ligeros se unen o fusionan para dar uno más pesado, liberando partículas y energía. Esta es la reacción que tiene lugar en las estrellas y es la causa del desprendimiento de luz y calor que se produce en ellas.

## G

### Gametofito

Individuo, o parte del mismo, que presentan las plantas a lo largo de su ciclo vital, en el que se originan los gametos o células reproductoras. A medida que las plantas tienen una estructura más compleja, el gametofito presenta un tamaño menor. En los helechos, angiospermas y gimnospermas queda reducido a una agrupación de células, mientras que en los musgos es lo que vemos normalmente. Del griego, *gamos*: boda o unión, y *phitos*: planta.

### Generador

Dispositivo capaz de transformar energía mecánica en energía eléctrica.

### Gestación

Período durante el cual el embrión permanece en el útero hasta su nacimiento. Su duración varía en las distintas especies.

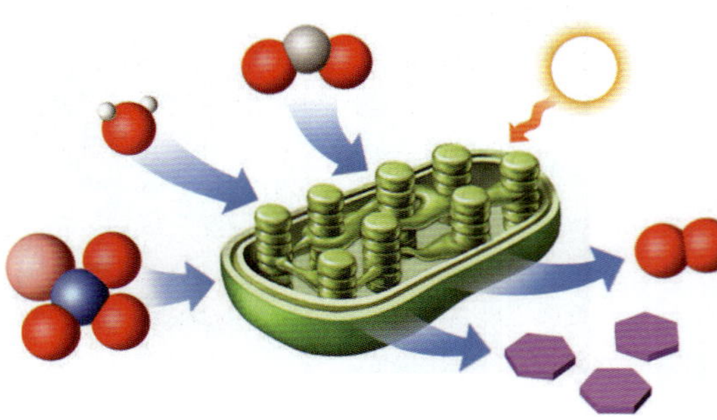

**Gimnosperma**

Planta cuyas semillas no están encerradas en un fruto, como los pinos y los abetos. Del griego, *gymnos*: desnudo, y *sperma*: semilla.

**Glándula**

Órgano unicelular o pluricelular con función secretora, es decir, que produce y libera una determinada sustancia. Pueden ser exocrinas, como las glándulas mamarias, que secretan sus productos mediante un conducto a cualquier lugar del organismo, o endocrinas, como el tiroides, que secretan sus productos directamente a la sangre. Existen también glándulas mixtas, como el páncreas, que pueden actuar como exocrinas y como endocrinas.

**Gónada**

Órgano de los animales especializado en la reproducción. En su interior se forman las células reproductoras típicas de cada sexo, llamadas gametos, y las hormonas sexuales. Las gónadas masculinas son los testículos, y las femeninas, los ovarios.

**Gradiente**

Variación de un parámetro, como la temperatura, la presión, la cantidad de luz o cualquier otro, a lo largo de una distancia. El gradiente geotérmico es el aumento de temperatura que se produce desde la superficie hacia su interior.

**Heterótrofo**

Ser vivo que se alimenta de otros seres vivos. Los heterótrofos o consumidores se llaman herbívoros si se alimentan de vegetales; si se alimentan de otros animales, son carnívoros; y si comen animales y vegetales, se llaman omnívoros. Del griego, *hetero*: otro, y *trophós*: comer.

**Hidrotermal**

Relativo al agua caliente. Los fenómenos hidrotermales, como los manantiales de agua caliente, los géiseres y los surtidores de agua hirviendo que existen en algunos fondos oceánicos se deben a que el agua infiltrada en la corteza es expulsada hacia el exterior al entrar en contacto con rocas muy calientes próximas a la superficie.

**Hipocentro**

Lugar del interior terrestre en el que se origina un seísmo o terremoto, debido a la rotura de las rocas o a otro proceso que libere bruscamente mucha energía. Recibe también el nombre de foco sísmico. Del griego, *hipo*: debajo, y *centro*: centro.

**Homeotermo**

Animal capaz de mantener la temperatura interna de su cuerpo constante e independiente del medio que le rodea, como es el caso de los mamíferos. Del griego, *homeo*: semejante o similar, y *thérme*: calor.

**Hormona**

Sustancia que es vertida a la sangre por las glándulas endocrinas y después, a través de la circulación sanguínea, llega a un órgano determinado, llamado diana, donde se encarga de regular alguna función.

**Isobara**

Línea que une puntos de igual presión atmosférica en un mapa meteorológico. Son curvas cerradas. Se representan con valores equidistantes y no se cortan entre sí. Del griego, *isos*: igual, y *báros*: presión.

**Isostasia**

Equilibrio entre el peso de los continentes y el empuje hacia arriba que realiza el manto. Cuando la erosión quita peso de un continente, este se ve forzado a ascender, mientras que cuando los agentes geológicos acumulan sedimentos sobre él, su peso lo hace hundirse. Del griego, *isos*: igual, y *stásis*: equilibrio.

**Julio (J)**

Unidad de medida de la energía y del calor. En el Sistema Internacional equivale a 0,24 calorías.

**Larva**

Estado inmaduro que presentan ciertos animales, como algunos insectos y anfibios, diferente al adulto.

**Lente**

Cuerpo transparente limitado por dos superficies, donde al menos una es curva (cóncava o convexa). Podemos distinguir dos tipos de lentes: convergentes y divergentes.

**Longitud de onda**

Distancia que separa dos puntos de una onda que tengan la misma perturbación. Su unidad en el Sistema Internacional es el metro (m).

**Macromolécula**

Molécula formada por la unión de subunidades más pequeñas. Los polímeros son macromoléculas formadas por unidades similares o idénticas llamadas monómeros. Son macromoléculas los polisacáridos, las proteínas y los ácidos nucleicos.

**Magma**

Roca fundida con gases disueltos. Los gases más abundantes en un magma son el vapor de agua y el dióxido de carbono ($CO_2$), aunque también hay otros, como óxidos de azufre, cloro y nitrógeno, argón, etc.

**Meteorización**

Proceso de destrucción de las rocas debido a los agentes meteorológicos como los cambios de temperatura, la humedad o la congelación del agua.

**Meteorología**

Ciencia que estudia el comportamiento de la troposfera y los fenómenos que ocurren en ella, como la nubosidad, las precipitaciones y los vientos.

**Microorganismo**

Ser vivo cuyo pequeño tamaño hace necesario el uso de un microscopio para observarlo. La mayoría son seres unicelulares, como las bacterias o los protozoos.

**Modelado**

Aspecto que adquiere la superficie terrestre tras la acción erosiva continuada de un agente geológico. En la mayoría de los casos es posible reconocer el agente geológico que ha producido el modelado de un paisaje, aunque ese agente ya no esté actuando allí.

**Monómero**

Molécula de pequeño tamaño, que unida a otros monómeros, a veces cientos de miles, forman macromoléculas llamadas polímeros. Son ejemplos de monómeros la glucosa y los aminoácidos. Del griego, *mono*: uno, y *mero*: parte.

**N astia**

Respuesta vegetal en la que se produce un movimiento sin orientación y pasajero, ya que el vegetal vuelve a su posición inicial al cabo de un tiempo.

**Ó rgano**

Conjunto de diversos tejidos que actúan coordinadamente. Por ejemplo, el corazón es un órgano cuya función es impulsar la sangre.

**Orgánulo**

Estructura celular capaz de realizar determinadas funciones específicas. Los cloroplastos y las mitocondrias son orgánulos.

**Oscilar**

Efectuar movimientos de vaivén alrededor de una posición de equilibrio a la manera de un péndulo. Del latín, *oscillare*: balancearse.

**P edrisco**

Granizo cuyos componentes son de gran tamaño, desde el tamaño de una nuez hasta el de un huevo de gallina. Se produce en cumulonimbos de gran desarrollo vertical, cuyas violentas corrientes ascendentes hacen circular muchas veces las gotas de agua congeladas, haciendo aumentar mucho su tamaño.

**Penillanura**

Llanura muy extensa, que puede abarcar gran parte de un continente, formada por la acción erosiva fluvial durante millones de años.

**Penumbra**

Zona parcialmente iluminada entre la sombra y la zona en la que incide la luz directamente. La penumbra aparece siempre en los bordes de la sombra.

**Piroclasto**

Fragmento de roca o de lava que es lanzado al aire por un volcán. Los más finos reciben el nombre de cenizas volcánicas; los del tamaño de la grava se llaman lapilli, y los más grandes, bombas volcánicas. Del griego, *piros*: fuego, y *klastos*: roto.

**Plutónico**

Referente a las rocas magmáticas que se han consolidado en el interior de la corteza a partir de un magma. De Plutón: dios de los infiernos.

**Poiquilotermo**

Animal en el que la temperatura de su cuerpo es variable y depende de la del medio exterior, como ocurre con los anfibios. Del griego, *poikílos*: variado, y *thérme*: calor.

**Polímero**

Macromoléculas, generalmente de naturaleza orgánica, formadas por la unión de moléculas más pequeñas llamadas monómeros. Son ejemplos de polímeros las proteínas y los polisacáridos, formados respectivamente por aminoácidos y monosacáridos. Del griego, *poli*: muchos, y *mero*: parte.

**Polinización**

Proceso por el cual los granos de polen, que contienen los gametos masculinos, son transportados desde los estambres de una flor hasta los carpelos de la misma flor o de otra, que contiene los óvulos con los gametos femeninos.

**Procariota**

Organismo cuya célula no posee el material genético encerrado en un núcleo. Las bacterias son organismos procariotas. Del griego, *pró*: antes, y *karyon*: núcleo.

**Pseudópodo**

Prolongación transitoria del citoplasma de ciertas células, como amebas o glóbulos blancos, que les permite la locomoción o la nutrición celular. Del griego, *pseudo*: falso, y *podo*: pie.

**R eceptor**

Elemento nervioso o célula sensible capaz de captar un estímulo y transformarlo en un impulso nervioso que es transmitido hasta los centros nerviosos (cerebro y médula espinal).

**Reflexión**

Cambio en la dirección de propagación de una onda cuando choca con un objeto.

**Refracción**

Cambio de dirección que experimenta una onda, como la luz, al cambiar de medio por el que se propaga.

**S ales minerales**

Conjunto de sustancias inorgánicas presentes tanto en los seres vivos como en la materia inerte. En los seres vivos forman estructuras de gran dureza, como conchas, dientes y huesos.

**Savia bruta**

Disolución de sales minerales en agua que se convierte en savia elaborada tras la fotosíntesis.

**Savia elaborada**

Mezcla de agua y sustancias orgánicas, obtenida a partir de la savia bruta por la fotosíntesis.

**Serpentín**

Tubería en forma de zigzag o espiral, para disponer una gran longitud en una pequeña superficie. Se utiliza para captar el calor de una fuente calorífica, como el Sol, o para irradiar al exterior el calor del agua caliente que circula por ella, como en los suelos radiantes.

**Sismógrafo**

Aparato que puede registrar un seísmo, elaborando una gráfica en la que se puede leer la duración, la amplitud y la frecuencia de las vibraciones. La gráfica producida recibe el nombre de sismograma. Del griego, *seismos*: terremoto, y *grafein*: escritura.

**Sistema**

Conjunto de órganos semejantes que actúan para desempeñar una función compleja. Por ejemplo, el sistema muscular, formado por los músculos de nuestro cuerpo.

**Sobreexplotación**

Extracción de un recurso a un ritmo excesivo, hasta producir su agotamiento, con lo que deja de ser renovable y pasa a ser no renovable.

**Sombra**

Zona oscura que aparece cuando un haz de luz encuentra en su camino un cuerpo opaco.

**T ejido**

Conjunto de células que trabajan coordinadamente para realizar la misma función. Por ejemplo, el tejido muscular, el nervioso o el conjuntivo.

**Termorreceptor**

Tipo de receptor sensorial de nuestra piel que se encarga de detectar cambios de temperatura, tanto de pérdida de calor como de aumento de temperatura.

**Transpiración**

Evaporación del agua a través de los estomas de las hojas. Como consecuencia de ella se produce una succión de la savia bruta, que así asciende por los vasos leñosos de las hojas.

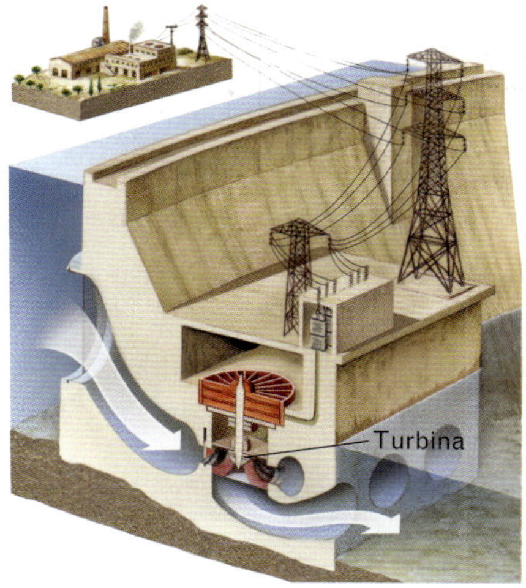


**Trófico**

Relativo al alimento o al acto de alimentarse. Son ejemplos de relaciones tróficas las que se establecen entre un depredador y sus presas, entre los parásitos y el huésped del que se alimentan, o entre los herbívoros y los vegetales que consumen.

**Tropismo**

Respuesta de un vegetal en la que se producen cambios en su dirección de crecimiento. Como resultado se producen alteraciones de la forma y deformaciones permanentes.

**Tsunami**

Ola de gran altura que se forma por un terremoto en el fondo marino o maremoto, que puede causar grandes daños en zonas costeras. Palabra japonesa que significa «ola de marea».

**Turbina**

Máquina compuesta de una rueda provista de unas paletas y sujeta a un eje central, que gira impulsada por la energía de un fluido (vapor de agua, agua de un río, etc.).

**U ltrasonido**

Sonido con una frecuencia superior a los 20 000 Hz, que no es detectado por el oído humano. Los ultrasonidos pueden ser escuchados por algunos animales, como delfines, murciélagos o perros. Se utilizan en diversas aplicaciones, como la ecografía o el sónar.

**V iento**

Fenómeno meteorológico consistente en una masa de aire que se desplaza desde una zona de altas presiones o anticiclón hasta una zona de bajas presiones o borrasca. Puede producir a su vez nubosidad o precipitaciones.

**Vítrea**

Textura de una roca volcánica en la que no se distinguen los minerales que la forman, debido a su tamaño microscópico. Se produce por un enfriamiento muy brusco de la roca fundida.

**Volcán**

Montaña que se forma por acumulación de coladas de lava y piroclastos. Del latín, *Vulcanus*: dios del fuego.

**X erofítica**

Planta que soporta bien la escasez de agua. Muchas contienen aceites de olores fuertes, como el romero, el tomillo o la lavanda, por lo que reciben también el nombre de plantas aromáticas. Del griego, *xeros*: seco, y *phitos*: planta.

**Z ooplancton**

Conjunto de seres vivos consumidores que flotan en el agua a merced de las corrientes. Se alimentan del fitoplancton o de otros componentes del zooplancton. Algunos son unicelulares y otros son pluricelulares de muy pequeño tamaño, como diversas larvas, pero también los hay de gran tamaño, como algunas medusas. Del griego, *zoon*: animal, y *planktón*: errante.

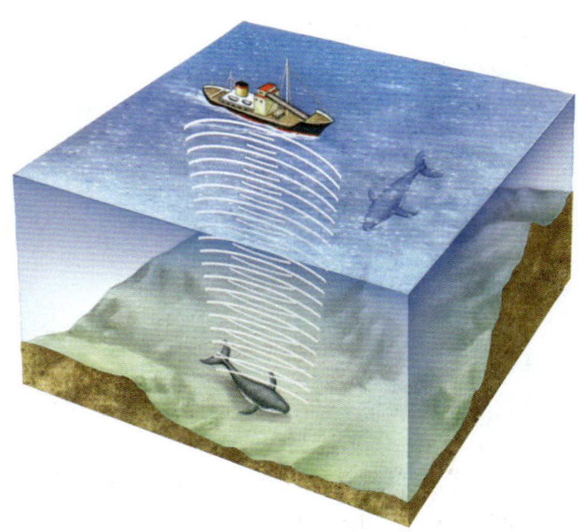

Dirección de arte: **José Crespo**

Proyecto gráfico:
Portada: **PEP CARRIÓ**
Interiores: **Manuel García**

Fotografía de cubierta: **Antonio Fernández**

Ilustración: **alademoscail·lustració, Digitalartis, Marcelo Pérez, Agustí Serrano, Carlos Aguilera**

Jefa de proyecto: **Rosa Marín**
Coordinación de ilustración: **Carlos Aguilera**
Jefe de desarrollo de proyecto: **Javier Tejeda**
Desarrollo gráfico: **Rosa María Barriga, José Luis García, Raúl de Andrés**

Dirección técnica: **Ángel García Encinar**

Coordinación técnica: **Francisco Moral**
Confección y montaje: **Pedro Valencia, Luis González**

Corrección: **Ángeles San Román, Gerardo Z. García**
Documentación y selección fotográfica: **Nieves Marinas**

**Fotografías:** A. Díaz; Atmán Víctor; B. Cobeta; C. Díez Polanco; C. Jiménez/photoAlquimia; C. Suárez; C. Valderrábano e I. Hernández; C. Villalba; D. Lezama; D. López; F. Gracia; F. Ontañón; G. Peña; GARCÍA-PELAYO/Juancho; GOYENECHEA; I. Meléndez; I. Rovira; I. Sabater; J. C. Muñoz/'Instituto Geológico y Minero de España'; J. Escandell.com; J. I. Medina; J. J. Balbuena; J. Jaime; J. L. G. Grande; J. Latova; J. Lucas; J. M.ª Montero; J. Rosselló; J. Soler; J. V. Resino; Juan M. Ruiz; KAIBIDE DE CARLOS FOTÓGRAFOS; Krauel; L. Gallo; L. M. Iglesias; L. Olivenza; Larrión-Pimoulier; M. Catalán; M. G. Vicente; M. Montes; M. Moreno; M. San Félix; Michele di Piccione; O. Torres; P. Arceo; P. Esgueva; Prats i Camps; R. Arrizabalaga; Roca-Madariaga; S. Cid; S. Padura; S. Yaniz; TERRANOVA INTERPRETACIÓN Y GESTIÓN AMBIENTAL; X. S. Lobato; A. G. E. FOTOSTOCK/Marevision, Ed. Reschke, U.S. NAVY, Morales, ZILL, SSPL, SPL, Mehaukulyk, MSZ, Carolina Biological S. SCIENCE PHOTO LIBRARY, Gregory G. Dimijian, Biophoto Associates, JUNIORS BILDARCHIV, ARCO/D. Damschen, Werner Bollmann, Michael Jenkins, Georgie Holland, George Stocking, Fritz Poelking, EYE OF SCIENCE, Angelo Cavalli, Gordon Wiltsie, Dr. Jeremy Burgess, ARCO/P. Sutter, Michael Abbey, Fritz Pölking, Dante Fenolio, K. H. Jacobi, Darwin Dale; A.S.A./Minden Pictures/Frans Lanting, Minden Pictures/Norbert Wu; ALBUM/akg-images; COMSTOCK; CONTACTO/AFP PHOTO/HO/E. Paul Oberlander/Woods Hole Oceanographic Institution, AFP PHOTO/FISHERIES AND OCEANS CANADA/Uvic-Verena Tunnicliffe; CONTIFOTO/POPPERFOTO, François Merlet, SYGMA/A. de Wildenberg, F. Pitchal, Flavio Pagani, John Van Hasselt, Philippe Giraud, UPPA, VANDYSTADT/HEUCLIN; CORDON PRESS/CORBIS SABA/Najlah Feanny-Hicks, REUTERS/Toshiyuki Aizawa; COVER/CORBIS/Deborah Feingold, Sheldan Collins, Matthias Kulka, Uli Wiesmeier, Gunter Marx, Rob Howard; DIGITAL BANK; DIGITALVISION; EFE/EPA/Christian Hartmann, Patrick Pleul, Olivier Maire, EPA/Jeff Tran, Alfredo Aldai, EPA/Yonhap; EFE/SIPA-PRESS/C. Burmester, Daniel Dancer, Dirk Heinrich, E. Dragesco, F. Durand, Frédéric Nebinger, G. Elkaim, J. Núñez, Pall Stefansson, BGPLC/Fred Bavendan, NASA, HONOLULU STAR; EUROPA PRESS REPORTAJES/CZECH NEWS AGENCY/Jaroslav Hejzlar; FOCOLTONE; GETTY IMAGES SALES SPAIN/Visuals Unlimited/Dr. Richard Kessel & Dr. Gene Shih, Visuals Unlimited/Dr. John D. Cunningham, Discovery Channel Images/Jeff Foott, Gallo Images/Heinrich van den Berg, Dorling Kindersley/Frank Greenaway, National Geographic/Carsten Peter, Visuals Unlimited/Wim van Egmond, National Geographic/George Grall, Johner Images/Per Magnus Persson, Time Life Pictures/Steve Liss, The Image Bank/Jeff Spielman, Stone/Richard During, Stone/Chad Slattery, Stone/Spike Walker, Stone/John Warden, Photos.com Plus; HIGHRES PRESS STOCK/NaturePL/HighRes, AbleStock.com; I. Preysler; ISTOCKPHOTO; J. M.ª Barres; JOHN FOXX IMAGES; LOBO PRODUCCIONES / C. Sanz; MARGEN FOTOGRAFÍA/T. Arias; MELBA AGENCY; MICROS/ J. M. Blanco; MUSEUM ICONOGRAFÍA/J. Martin; NASA/Jacques Descloitres, MODIS Land Rapid Response Team, NASA/GSFC, NASA, ESA and AURA/Caltech, Matthew Spinelli; NOVOSTI; Observatorio Universidad Complutense de Madrid O. Daidola; PHOTODISC; SAFI 2000; SEIS X SEIS/D. Lezama; STUDIO TEMPO/J. Sánchez; Ayuntamiento Miraflores de la Sierra, Madrid; BIBLIOTECA NACIONAL DE ESPAÑA/Laboratorio Biblioteca Nacional; C. Brito/J. Núñez; CREATIVE LABS; FUJITSU TECHNOLOGY SOLUTIONS; FUNDACIÓN SANTILLANA/MUSEO MARÍTIMO, CANTABRIA; Institut Cartogràfic de Catalunya; INSTITUTO GEOLÓGICO Y MINERO DE ESPAÑA; J. Cerezo; M. Ortega/J. Frías; MATTON-BILD; Natur-Sport Sorbas S.L.; PHILIPS; SERIDEC PHOTOIMAGENES CD/DigitalVision; UNITED NATIONS; USIS; ARCHIVO SANTILLANA

**Nuestro agradecimiento a los siguientes profesores y profesoras**
**por su asesoramiento en la renovación de este libro:**
Encarna Ángel Carrillo, Miguel Blat Asensio, Mariano Buil Murillo, Daniel Cartas Moreno, Federico Casas Pajares, Juan José Clemente Gavilán, Lucía Conde Calero, Cristina Cubas Domínguez, Francisco Javier Díaz Gómez, Concepción Díaz Rey, Maximina Fernández Rodríguez, Esperanza García González, María Aranzazu Henríquez Vicentefranqueira, Milagros Ibáñez Mediavilla, José Luis López Alejo, Rafael López González, María Isabel Nicolás Rodenas, Aida Pérez Agudín, Elena Poncela Blanco, Ana María Rodríguez Álvarez, Jesús Antonio Rodríguez García, Virginia Rodríguez Rodríguez, José María Ruiz Bravo, Rafael Sáez Marín, Vicente San Millán Ciudad, Juan José Torres Cadenas, José Antonio Torres Pelayo, Damián Used Used y Carmen Vilches Cañizares


Torrelaguna, 60. 28043 Madrid
PRINTED IN SPAIN
Impreso en España por Dédalo Offset, S. L.

ISBN Obra completa: 978-84-294-6851-9
ISBN de este volumen: 978-84-680-0740-3
CP: 283013
Depósito legal: M-10469-2011